JN292508

大人のための数学❸

無限への飛翔
集合論の誕生

Shiga Koji
志賀浩二

紀伊國屋書店

Georg Cantor.

はじめに

　19世紀後半に，数学に革命といってもよい大きな変化が現われた。それはひとりの天才ゲオルグ・カントルによって創造された集合論の誕生であった。「集合論」という言葉に，はじめて出会われる読者の方も多いのではないかと思われる。それはふつうの大学の数学の授業のなかでは耳にすることのない言葉である。集合論には，四則演算や極限概念や，また微分積分や幾何に関係するものは何もない。科学技術や社会で使われるような数学でもない。しかし集合論には，私たちの夢を育てる大きな世界が広がっている。

　集合論が問うのは，いったい数学に現われる無限とは何かというテーマである。数学がほかの学問と違うところは，すでに自然数のなかに無限を包みこんでしまっていることである。自然数 $1, 2, 3, \dots$ の先には，宇宙の果てまで数字を並べていっても，まだかきつくされないような大きな自然数が並んでいる。しかし私たちは数学的帰納法や代数記法を使うことで，自然数全体に成り立つ多くの結果を導いている。実数も，数直線という表象を通して，そのなかにある無限をとらえている。平面上には無限の点や直線があり，無限の三角形があるが，それらの相互の関係は幾何学によって解明される。

　数学の背後にある無限は，単なる総合概念にすぎないのだろうか。それとも無限自身を解析していくことができるのだろうか。いったい，無限とは何か。それを問うことは，数学にとって，もっとも基本的で深遠な問題となるのではなかろうか。

　しかし，それでは無限を数学の対象としたとき，どのようなことを，どのような方法で調べるのか。

カントルは，無限は数学のなかでは明確な概念であり，それは相互に大きさが測られ，新しい数がそこから創造されていく対象であると考えたのである．それはカントルの天才の独断といってよいものだったかもしれないが，カントルはそれを集合論という，ひとつの数学理論として提示した．最初，多くの数学者はこれを認めようとしなかったが，やがてそれは水が硬い土に浸透していくように数学のなかに広がっていって，20世紀数学の開花を導くことになった．それは数学が無限に向かって飛翔をはじめたことを意味している．

　そのような集合論は難しく，近寄りがたい数学ではないかと思われるかもしれない．しかし集合論は，ある意味では自然数の概念の自然の広がりのなかにあるといってよく，だれでも近づける数学であり，そして近づくにしたがって考えもしなかった夢のような世界が広がっていく数学である．

　この本を読まれる方々は，数学とはそんな学問であったのかと目が覚めるような思いをされるかもしれないし，またそのような驚きを伝えることができるように，この本をかいてみたいと思っている．

　第1章は無限との最初の出会いである．自然数の集合も無限，実数の集合も無限である．しかしこの2つの無限に対し，私たちは同じようには向き合っていない．自然数は1つ1つの数が独立して並んで，それが総体として自然数の体系をつくっているが，実数は数直線としてまず全体が提示され，そこに1つ1つの数が点として埋まっている．しかしこれらを抽象的な視点で見れば，そこには，ともに1つ1つの要素があり，全体として総合された概念がある．このような基本的な見方を述べるとともに，集合論の創始者カントルの生い立ちと，カントルのよき助言者であり，協力者でもあったデデキントとの出会いの頃を述べる．

　第2章では，まず集合論に現われる基本的な概念を述べた．そして2つの集合の1対1対応という概念を通して，自然数と同じ大きさをもつ無限集合を可算集合ということにする．有理数の集合は可算集合である．しか

し実数の集合は可算集合ではない。私たちのふつうの感覚からいえば,無限とは,有限の単なる否定概念にすぎない。しかしカントルは,実数の連続性を使って,実数の1つ1つに番号がつけられるとすると矛盾が生ずることを示した。それによって無限には大きさの違いがあることを明らかにしたのである。これはカントルが示した最初の驚くべき発見であった。

　第3章では,集合論を一般的な立場で取り扱うために,まず和集合,共通部分などの集合演算の定義を与えた。次に可算集合の濃度を,自然数の基数 $1, 2, 3, \cdots$ に続く数として $\aleph_0$(アレフゼロ)と表わした。このとき2つの可算集合の和集合はまた可算集合であるということは $\aleph_0 + \aleph_0 = \aleph_0$ と表わされることになる。実数の集合は連続体の濃度をもつといって,この濃度を $\aleph$ で表わす。カントルは平面上の点のつくる集合の濃度も $\aleph$ であることを示した。集合論の内容が明らかになってくるにつれ,当時の数学界からの反発も強まってきた。

　第4章では,無限はそれ自身,どこまでも大きな無限を生成していくことができることを示す。数学は,平面上に与えられた図形とか,自然数とか実数の上に,幾何,代数,解析などを展開してきた。それは明確に認識でき,私たちのよく知っている世界に向けてはたらくものであった。カントルは,概念自体のなかにひそむ構成力は,無限に向かってどこまでも広がっていくはたらきをもつことを示した。しかしこうして誕生したひとつひとつの無限のなかに新しい数学が創られていくことはなかった。ここにカントルが提示した数学の自由性とは何であったのかという深い問題がひそんでいるように思える。

　第5章では,集合を構成する要素をひとつひとつ並べていくというカントルの考えを述べる。集合と要素という2つの概念は,要素から集合が組み立てられているという概念で結ばれている。そこには要素が並べられていくことによってはじめて全体の集合が構成されるという見方が生まれてくる。それを概念化したものを整列集合という。その並べられていく順序を,1番目,2番目,…と数えて,無限のなかにも分け入っていくと,そ

こに自然数を越えて進んでいく数の姿が浮かんでくる。カントルはこのような数を「超限数」とよんで，集合論の理論の核心に，'数'をおいたのである。

第6章では，無限集合はすべて整列可能か，というカントルが提起した問題について述べる。これを示すためには，数学が無限に立ち向かうときの基本的な公理の設定が必要であった。それを「選択公理」という。選択公理を認めると，すべての集合は，要素を順序よく並べて整列集合とすることができる。ただ1つの公理をおくだけでこのようなことが成立することは，不思議なことだといってよいのかもしれない。

第7章では，カントルが集合論の研究のなかで出会ったもっとも深い問題，「連続体仮説」についてまず述べる。それは実数のなかの無限集合は，可算集合か，あるいは連続体の濃度をもつかのどちらかであるという予想である。この問題はなお未解決である。実数の部分集合を探ることは，底知れぬ深みに手を差しのばして，その奥にあるものを探ろうとするようなもので，全体が謎めいている。集合論の体系がほぼ完成したとき，思いがけず，集合論のなかに逆理がひそんでいたことが見出された。これは20世紀になって，公理論的集合論を生むことになる。

第8章では，カントルの独創的な研究が，20世紀数学の流れのなかでどのように位置づけられ，またどのように引きつがれていったかを述べてみた。数や数直線の上に数学が展開してきたように，集合の上に新しい概念がおかれることにより，現代数学のなかに多くの数学分野が誕生してきたのである。この章の終りには，この本の結びとして，孤独ななかで無限に立ち向かい，栄光に溢れた数学を創造した天才，カントルの後半生について述べる。

大人のための数学❸

無限への飛翔
集合論の誕生

目次

はじめに 3

❶章 無限への出発　11

1　私の思い出——集合論から数学へ　12
2　集合論とは　16
3　カントルの生い立ち　22
4　デデキントとの出会い　24

❷章 可算集合と実数の集合　27

1　集合と要素　28
2　1対1対応と可算集合　31
3　実数の集合　37
4　スタート地点——三角級数論との出会い　41
5　デデキントとの手紙——集合論の誕生　47

❸章 集合演算と濃度　51

1　集合と集合演算　52
2　可算集合の濃度　56
3　連続体と平面の点の集合　58
4　対角線論法　65
5　エピローグ　68

❹章 無限のひろがり　73

1　果てしない無限　74
2　カージナル数の演算　79
3　カージナル数の大小　85
4　いろいろな集合　89

❺章 無限を並べる 93

1 並べる 94
2 順序集合と整列集合 99
3 順序数の演算 106

❻章 無限をとらえる視点──選択公理 111

1 無限を整列させることはできるか 112
2 帰納的順序集合 117
3 選択公理から整列可能定理へ 122

❼章 集合の深み 129

1 連続体仮設 130
2 3進集合 134
3 逆理 140

❽章 カントルとその後 147

1 カントルが起こした波 148
2 カントルの後半生 153

索引 159

1章
無限への出発

　集合論に最初に出会ったときの，私の中学生のときの思い出からはじめよう。私はこのような考えがあることを知って，数学に惹きこまれていった。最近，私の母校の高等学校で，数学に興味をもつ1年生20数人を前にして集合論とはどんなものかを話したことがあった。1時間ほどの話の内容を，みんなよく理解できたようで，興味深そうに熱心に聞いていた。私は，何十年か前，私をとりこにした知的好奇心を，改めて眼の前で見たように思った。

　集合論は無限を対象とするといっても，いったい，それはどんな考えに立つのだろう。無限を，数学のなかの概念として見れば，総体としての無限には無限の大きさがあり，その大きさを測り構成する要素は数えられることが望まれるだろう。集合論の拠って立つこのような視点についてまず明らかにしてみることを試みた。集合論はカントルというひとりの天才によって創造された。集合論は，カントルの生涯をかけた仕事であり，数学の歴史の上では，集合論とカントルはひとつに重なっている。カントルの生い立ちと，カントルの集合論の誕生を支えたデデキントとの交流のはじまりも述べた。

1 私の思い出
——集合論から数学へ

　私は子どもの頃から読書が好きで，小学校5年生くらいになると父の本箱から勝手に文学書を取り出して読み耽(ふけ)っていた。中学生になってからは私のなかで夢が少しずつ育ってきたのか，宮澤賢治の詩や童話に心が惹かれるようになってきた。中学2年の夏，私の少年時代から長いあいだ続いてきた戦争も終りを告げた。私はそのとき故郷の新潟にいたが，終戦間近になって次のようなこともあった。新潟市にも原爆が落とされるかもしれないという情報が入ったことで，市民全員は，即刻市から退去せよという命令が下った。戦争が終ったあと迎えた秋の空は，いまでも覚えているが，空漠として広がる青空に，虚しいほどの明るさが一面に漂っていた。

　私はこの年の冬，父を病気で失っていた。私のなかには何か駆り立てられるような気持が湧いてきた。私はそれまであまり本気で勉強することもなかった数学を学んでみようと思い立った。そこで数学の参考書上下2巻をおいて勉強をはじめたら，1, 2か月のあいだに全部読み上げて，中学校で学ぶ内容はだいたい修得してしまった（なお当時の古い学制では，小学校6年修了後に，中学校5年間の課程があった）。

　そのあとしだいに数学にのめりこむようになり，数学書の耽読がはじまった。知り合いの医学部の先生が数学好きで，その先生の書斎にはかなり数学書があったことが幸いした。終戦後，日本は荒廃し，ほとんどの都市は焼野原となったが，出版活動はわりあい早く再開されたのである。私の手許に残っている高木貞治氏の『代数学講義』の奥付を見ると，終戦の翌年の9月に出版されている。

　この事情は，日本の海軍が保管していた大量の紙が，終戦と同時に放出さ

れたことと，東京神田の焼け残った一角に，かなりの印刷所があったという幸運によるらしい。

その頃，私はまったく偶然に辻正次という東大の先生が書かれた『集合論』という本を，本屋で見つけたのである。この本はもう手許にないが，記憶では最初の1頁に

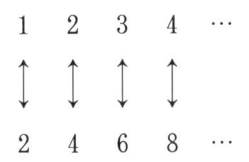

$$
\begin{array}{cccc}
1 & 2 & 3 & 4 & \cdots \\
\updownarrow & \updownarrow & \updownarrow & \updownarrow & \\
2 & 4 & 6 & 8 & \cdots
\end{array}
$$

とかかれていて，だから自然数全体と偶数全体は1対1の対応がつき，自然数も偶数も同じ無限と考えてもよいというようなことがかいてあった。この本の先のほうを開いていってみても，式の計算や方程式のことなどどこにもないし，幾何の図形やグラフも見当らない。ここには何が書かれているのだろうと，それまで見たこともなかった数学に好奇心が湧き夢中になって読み進んでいった。この本を読み上げて感じたことは，広漠とした広がりのなかに，まるで無手で進んでいくような数学があるということであった。この広がりを包括するテーマは無限であった。無限そのものが，数学のなかで考えられるということは，私には夢のようなことであった。ここに展開された無限の姿は私の心をとらえてはなさなくなったが，それは終戦の秋に仰ぎ見た大空の広がりへの思い出と，どこかつながるものがあったのかもしれない。

しかしこの本を読み上げたあと，1つの疑問がいつまでも残って，その後1年くらいは頭から離れることはなかった。集合論では，'ものの集まり'が対象となる。それを集合といい，そして2つの集合MとNがあったとき，MとNの大きさを次のようにくらべる。

もし，Mの1つ1つのものと，Nの1つ1つのものを，ちょうど上に述べた自然数と偶数のときのように，上手に1対1に対応させることがで

きるとき，M と N は同じ大きさをもつと考える。そしてこのとき M と N は同じ濃度をもつという。自然数の集合と偶数の集合とは，上で示したように同じ濃度をもつのである。このように有限のところで見れば偶数はいつでも自然数の半分しかないが，離れた視点から全体を見てみればある意味で同じ個数からなるといってもよいことになる。したがって'部分は全体より小なり'という命題は，無限のものの集まりに対しては，必ずしも正しいことをいっていないことになる。ここまでは『集合論』を読んで素直にその内容を理解することができたのだが，次の結果に私は躓いてしまったのである。

「実数全体がつくる集合の濃度は，
自然数全体がつくる集合の濃度より高い」

すなわち実数は決して $1, 2, 3, \cdots$ と番号をつけて全体を並べることはできないということである。このことは，無限は有限ではないものという単なる否定概念ではなく，無限はそれ自体独立した概念としてさまざまな階層があることを示唆していることになっている。

実は「有理数の全体には，$1, 2, 3, \cdots$ と番号がつけられ，したがって自然数と同じ濃度をもつ」ことも示されている。したがって上の結果は

「実数全体がつくる集合の濃度は，
有理数全体がつくる集合の濃度より高い」

ということになる。実数は有理数と無理数からなるから，このことは，無理数は有理数とは比べものにならないほど多くあるということを示している。私はこの事実をどう理解してよいのだろうかと考え出した。たとえば数直線上に並ぶ有理数を，海岸の砂浜に広がる砂の1粒，1粒のように考えると，無理数はこの砂粒のあいだの隙間の空間を占める原子のようなも

のかなどと思ってみたりした。

しかし数直線の構成を見ると，無理数は1つずつ取り出された1点としては表示されていない。$\sqrt{2}=1.4142\cdots$は無理数であるが，この数を表わす点を数直線ではっきりと指し示すことはできない。数直線では，細かく撒かれた有理数の1つ1つをまず1点として明記し，それを使って無理数を表わす点を決めている。無理数は有理数によってはじめて決められる数である。有理数がなかったら，無理数はないのである。なぜ少ない有理数が，それとは比較にならないほど多くある無理数の数直線上の位置まで規定できるのか。

私はこのことについて思い悩んだのである。しばらくのあいだ，このことが私の頭から離れることはなかった。私の考えのどこかに間違いがあるのだろうか。あるいは集合論の考え方に何か常識では考えられないようなことがあるのだろうか。私の関心は，学校での数学の勉強とは全然別の世界へと入りこんでいった。

中学4年生になった頃だったろうか。ある人の紹介で当時旧制新潟高校で数学を教えられ，ポアンカレの翻訳などもされていた河野伊三郎先生のお宅を訪問して，私の疑問を述べてみた。先生ははっきりとした答は述べられなかったが，少し間をおいてから，「フランスのボレルという数学者は，無限大より無限小のほうが謎が深いようだといっていたね」と洩らされた。

私はやがて，有理数の無限よりはるかに濃度の高い実数の無限へと駆け上がっていく階段として，数直線上の極限概念と連続性があり，そこに実数を構成する無限小数があったのだということを悟るようになった。この解析学のなかで取り入れられた実数には，実数を存在とみて集合のなかで取り出された無限とは，まったく別の動的な無限が数直線上ではたらいていたのである。

数学という学問は，こうして集合論を通して，しだいに私を深みへと誘いこんでいくようになった。

2
集合論とは

　数学の上に革命をもたらした集合論という理論は，1870年代から1880年代にかけて，ひとりの天才ゲオルグ・カントルの思索のなかから生まれ，育てられ，創られていった．カントルの前にはつねに集合論があったが，その後数学者が集合論に向かうときには，重なり合うようにそのうしろにつねにカントルの姿を見ることになった．これから集合論を，カントルの思索のあとを追うような形でかいていくが，そこには彼の生涯の日々が深い影を落としている．

　集合論自体はあまりにも独創的な数学であって，ギリシア数学の影も負っていないし，また微分積分や，代数学の流れの外にある．そのため何の予備知識がなくとも学ぶことができるが，一方では，最初に出会ったとき，図形も関数もなく，計算もない数学にとまどわれる方も多いかもしれない．2章以下で集合論について述べていく前に，集合論とはどんなことを考えようとしているのかについてまずここでみておくことにしよう．

　自然数の全体
$$1, \quad 2, \quad 3, \quad \cdots, \quad n, \quad \cdots \qquad (*)$$
を考えてみる．自然数は無限にある．そしてこれに対する説明としては，ふつうは帰納法の考えにしたがって次のような生成原理として述べられている．

　まず1がある．次々に1だけたしていってnまで着いたとする．ここにさらに1をたすと次の自然数$n+1$が得られる．この操作はどこまでも続けられる．したがって自然数の全体は無限である．

　しかしこのような生成原理などによらなくとも，$(*)$を見ただけで私た

ちは自然数は'無限集合'であることはすぐにわかる。自然数の帰納的な生成原理は，自然数を概念としてとらえるときには，自然数とはどのようなものかを私たちに教えてくれるが，自然数という概念が一度確定すれば，自然数は（＊）の表示によって，1つ1つがはっきりとその存在を示している。同時に私たちの目は無限をとらえているのである。

　同じように考えれば，偶数という概念は
$$2, \ 4, \ 6, \ 8, \ \cdots, \ 2n, \ \cdots$$
という存在としてとらえられる。

　ここで注意することは，数学において対象となる総合的な概念は，その概念に含まれている1つ1つのものをはっきりと識別してとらえているということである。たとえば三角形という概念が与えられれば，私たちは具体的な三角形のいくつかをすぐに思い起こすことができるし，また「いろいろな三角形を考えてみましょう」といわれても私たちはとまどうことはない。それは私たちが，三角形という概念のなかにあるものをはっきりと認識しているからである。

　私たちは数学では，「1つ関数をとってそのグラフをかいてみると…」というようなことはごくふつうのこととなっているが，たとえば物理に現われる力や電気という概念に対して「1つの力をとってみると…」とか，「1つの電気の流れに注目してみましょう」とかいってもそれだけではあまり意味がない。力や電気は，物理現象を支配する総括的な概念となっているが，個々のものを集めた集合概念ではない。情報という概念にしても，この概念が毎日大量に流れる情報を1つ1つ取り出してそれを総合した集合概念でないことは確かである。

　そのことを考えると，数学の概念が，数学のもつ抽象性によって，その概念を構成する個々のものの存在と，その概念が包括する範囲を適確に表わしているということは，数学という学問の特殊性を示しているといってよいのかもしれない。そしてそこに数学が抽象的な学問であるといわれる理由があると考えてよいのだろう。

私たちが数学において1つの概念に向き合うということは，概念に包まれている個々の対象をはっきりと識別し，同時にそれを包括する存在を明確に認識することではないか。カントルは，このことこそ数学の根幹を支える思想であると感じたようである。カントルは，数学の概念の存在そのものを，数学の対象として抽象化することを思い立った。そして概念の総体を抽象化したものを最初はInbegriff（ドイツ語の辞書を引くと，「総体：【哲学】総括概念」とある）といい，後に**集合**というようになった。そしてその概念に含まれるものを取り出して完全に抽象化して，その1つ1つを個体化したものを**要素**といった。**集合は要素の集まりである**。

　集合と要素からなるこの抽象概念のなかで成り立っている基本関係は，集合をM，要素をaとすると，aはMの要素であるという関係である。それは記号を使って
$$a \in M, \quad \text{または} \quad M \ni a$$
と表わされる。

　たとえば自然数の全体の集合を
$$\boldsymbol{N} = \{1, 2, 3, \cdots, n, \cdots\}$$
と表わすと
$$5 \in \boldsymbol{N}, \quad 18 \in \boldsymbol{N}, \quad \text{一般に } n \in \boldsymbol{N}$$
となる。

　実数の全体も集合$\boldsymbol{R}$をつくっている。このとき円周率πが実数であることは，$\pi \in \boldsymbol{R}$として表わすことができる。

　2つの集合N，Mがあって，Nの要素が必ずまたMの要素になっているときには，集合としてNはMに含まれている。このときNはMの**部分集合**といって
$$N \subset M$$
という記号で表わす。たとえば自然数の集合を$\boldsymbol{N}$，実数の集合を$\boldsymbol{R}$とすると，$\boldsymbol{N}$は$\boldsymbol{R}$の部分集合で
$$\boldsymbol{N} \subset \boldsymbol{R}$$

となる。また平面上にある三角形全体のつくる集合は，多角形全体のつくる集合の部分集合となっている。

カントルが創造した集合論では，数学に現われる概念の総体は集合におきかえられ，概念相互の関係は，集合の包含関係や集合のあいだの演算を通して表わされることになった。数学の概念は集合の形をとって認識されるようになった。

しかしここで次のような疑問をもたれる方も多いかもしれない。

注目!! 概念を論ずることは哲学の主題ではないか。それがなぜカントルによって数学の主題となったのか。そこでは数学として何を論ずるのか。

数学の一般概念は，数学の特性として無限概念を含んでいる。集合を調べることは，同時に数学という学問の内部に深く包みこまれている無限とは何かを問うことになったのである。カントルは無限に立ち向かうことになったが，それは同時に数学者に無限への意識を深めていくことになった。

それでは無限の要素をもつ集合に対して何を調べるのか。有限個のものの集まりに対しては，one, two, three, … と数えてその大きさを知ることと，the first, the second, the third, … と順番をつけて1つずつ取り出していくことがある。前者は存在を確かめ，後者は生成していくようすを確かめている。

同じように，一般の集合に対しても，その全体をとらえようとすると，次の2つのことが基本となるだろう。

（A）　2つの集合に含まれている要素を1つずつ対応させて，集合の大きさを測る。

（B）　集合の要素を1つずつ順序をつけて並べていく。

しかしこのことは同時に

1章　無限への出発

> (A)′ 無限のものの大きさを測ることができるのか。
> (B)′ 無限のものから1つずつ取り出して，順序よく並べていくことができるのか。

という問いかけがなされていくことになる。

　カントルは集合という考えに立って，この(A)′，(B)′に立ち向かっていったのである。それを支えたのはカントルの天才であったが，それは「孤独な戦い」となった。カントルが歩いた道は，当時の数学者たちが数学のなかで求めようとしたものとは，遥かに遠く離れたところにあった。カントルの思想は当時の数学者から取り上げられなかっただけではなく，強い反発も招いた。また神学者や哲学者などからも，'無限'を数学が取り上げたことで強い批判と，非難を受けたのである。'無限を測る'とはいったいどういうことか。

　しかしカントルは，集合論のなかで，(A)′を濃度の問題として，(B)′を整列集合の問題として定式化し，それをどこまでも追求していったのである。

トピックス　集合論が提起するもの

　(A)′については，すでに第1節で，私の思い出のなかに刻まれた，自然数の集合と実数の集合では無限の大きさが違うということで述べておいた。

　(B)′についても，わかりやすい例を示しておこう。自然数というと，私たちはいつでも

$$1, 2, 3, \cdots, n, \cdots$$

と順序よく1列に並んでいると考えているが，自然数を集合として考えて，図のように大袋の中に詰めこまれているとすると，ここから順に1つずつ取り出して並べるにはいろいろな仕方がある。

たとえば奇数を先にとって，偶数をあとに並べると
$$1, 3, 5, \cdots \quad 2, 4, 6, \cdots$$
となる。無限のものが並んで，そのあとにまた無限のものが並んでくる。

また3の倍数に注目すると，3の倍数，1をたすと3でわれる数，2をたすと3でわれる数を大小の順に並べると
$$3, 6, 9, 12, \cdots, \quad 2, 5, 8, 11, \cdots, \quad 1, 4, 7, 10, \cdots$$
という並べ方になる。

このことは，自然数の集合を，1つ1つステップを踏みながら生成されていくものと考えると，そのプロセスには，本質的に違うたくさんのものがあることを示している。たとえていえば，無限個のベースがある野球では，ベースの並べ方によって，1周しただけですべてのベースを回ってしまうこともあるが，2周とか3周とかしなければすべてのベースを回ったことにはならないこともある。そのような状況に応ずるためには野球のルールは無限に必要となってくるだろう。無限を生成する並べ方は無限にあるのである。

(B)′の問題には，さらに実数の集合を順序立てて並べていくというようなことも考えるができるのだろうかという，謎めいた深い問題も含まれてくる。

このような集合論から提起された問題は，それまでの数学にどれだけの衝撃を与えたか，読者も想像してみられるとよいのである。率直な第1印象は，こんなものが数学といえるか，ということだったのかもしれない。

3 カントルの生い立ち

　集合論の創始者ゲオルグ・カントルは，1845年3月3日ロシアのペテルスブルグで，富裕な商人ゲオルグ・バルデマール・カントルの長男として誕生した。母親のマリアは音楽的な資質に恵まれていた豊かな家系のなかで育てられていた。カントルの思想をみると，カントルの父親も母親も，ユダヤ系の流れを引いていたようにも思えるが，そのことを遡って詳しく調べることはできないようである。宗教的には父親はプロテスタント，母親はカソリックであり，カントル自身は一生敬虔なプロテスタントであった。そこからみる限りでは，カントルはユダヤ人ではなかったといえるのだろう。

　カントルは小学校に通っていた頃から，すでに数学を学んでみたいという強い希望をもっていたが，父親は息子の希望をすぐにはかなえてくれなかった。父親は将来の生活の安定のために，これから有望となると思われた技術方面の仕事につかせようと考えていた。そのため，2年間，カントルをドイツのダムルシュテットの工業学校で学ばせた。ここを優秀な成績で卒業したあと，17歳になったカントルに，父親は数学を学ぶことをやっと許してくれた。カントルはこれ以後数学に専心することになった。このときカントルが父親にあてた喜びの手紙が残っている。

　「お父さん，頂いたお手紙が，どれほど私を幸せな気持にさせてくれたか，御想像して頂けますか。私の将来が決まったのです。私は，この数日の間，これからどうなるのかわからず不安でした。私はどうしてよいのかわかりませんで

した。私の義務感と，したいことが絶えず私の心の中で戦い続けていました。私はいまはお父さんを苦しめることなく，自分の気持にしたがって，決められた道を進んでいくことができ，幸せです。私は全身，全霊をもってこの使命に生きます。人が望み，人にできることが何であろうと，またその進む先が不明であろうと，秘められた使命に導かれていくならば，必ず成功へ道が開かれてくるでしょう。いつの日か，お父さんが私を誇りと思って下さることを望んでおります」

このあと，スイスのチューリッヒに少しいた後，ベルリン大学へ移り，そこで数学と物理学と哲学を学んだ。ベルリン大学の数学教室には，当時整数論でイデアル数を導入したクンマーと，解析学の大家ワイエルシュトラスと，数論のクロネッカーがいた。カントルはワイエルシュトラスの厳密な基礎に立つ解析学に強い影響をうけたが，一方クロネッカーとはやがて宿命的ともいえる激しい対立がはじまることになる。

1867年，カントル22歳のとき，2次の不定方程式に関する論文によって学位を得た。この学位論文からは，まだ後年のカントルの思想の萌芽を見出すことはできない。1869年，24歳のとき，決して一流とはいえないハルレ大学の私講師となり，1872年には助教授となり，1879年正教授に任命された。

カントルはここでハイネと出会い，ハイネの研究に興味をもち三角級数の収束についての研究に入っていくことになった。これを契機として，カントルの数学の研究が，それまでの代数学，数論から解析学へと大きく変わっていく。ハイネとの出会いはカントルの数学にとって定められた道だったのかもしれない。実際，カントルがここで注目したのは，2つの三角級数がどんな条件のときに同じ関数を表わしているか，という問題のなかから自然に湧き上ってきた，数直線の点が無限につながっている状況であった。ここでカントルは無限の深淵を覗きこみ，そこに誘いこまれていくことになった。

4 デデキントとの出会い

　デデキント(1831−1916)はドイツの数学者で，ゲッチンゲン大学でガウスとディリクレに学んだあと，1857年にチューリッヒ大学の教授となり，1862年からはブラウンシュワイク工科大学の教授となった。デデキントとカントルとが親密な交流をはじめるきっかけとなったのは，デデキントの有名な『連続性と無理数』(第1巻4章参照)が1872年に刊行されたことがきっかけとなったようである。デデキントとカントルはこの年の春，スイスで出会っていた。

　このデデキントの書の序文の最後の部分にカントルの名前がでてくるのである。その個所を引用しておこう。

　　そうしてこの序文を書いている(1872年3月20日)間にも，私は関心を引くべきカントルの論文「三角級数論からの一定理の拡張について」を受けとった。これについてこの明敏な見通しを有する著者に深い感謝を表わすものである。取り急いで通読したところでは，(このカントルの論文の)2節の公理は，その扮装の外形を除けば，私が3節で連続性の本質として述べているものと全く一致している。実数域はそれ自身としては完成しているという私の見解では，より高度の実数量をただ概念だけで区別してみたところでどんな役に立つのかまだ認めることはできないのである。

　(この最後のコメントについては，第2章3節で触れることにする)。
1872年4月28日付の最初の手紙がカントルからデデキントへと送られ

た。

> 「『連続性と無理数』をお送り下さいまして，心から感謝しております．私はすでに確信していることですが，私が，算術の先入観から離れて，何年もかかった上でこのテーマについて到達した見解は，あなたの概念で示されている見解と一致します．その見解とは，概念的な導入による以外には，数量の違いを見出すことはできないということです．あなたが，連続性の本質をつくっているものは何かについて明らかにして下さったことについて，私はそれを絶対的に確信しております」

　カントルはこの年の秋頃から，自然数の集合から有理数の集合へと考察を進め，やがて実数の集合は，自然数の集合よりはるかに多い要素からなることを確信したようで，その証明を試みていくことになる．カントルはこの予想が正しいことを，同じ年の12月には見出したのであるが，その間自らの考えの妥当性や，疑問についてデデキントに手紙を書いて，率直な意見と助言を求めている．この手紙の内容がどんなものかは，その一部を第2章で述べるが，ここでは，この間カントルがデデキントに送った手紙の日付だけを記しておこう．
　1873年　11月29日，12月2日，12月7日，12月9日，12月10日，
　　　　　12月25日，12月27日

デデキントはこの手紙に対して，彼の考えを率直に述べ助言を与えていたようである．
　カントルが，自らが見出した'無限を測る'という問題に没頭し集中しているようすがよくわかる．カントルが集合論の研究をはじめたとき，デデキントと知り会えたことは，幸運なことであった．デデキントは表に立つことはせず，カントルの仕事を静かに見守って励ましていた．

2章 可算集合と実数の集合

　数学では，'ものの集まり'を概念化して，'もの'を要素といい，要素の集まりを集合という。そして要素の個数が有限なものを有限集合，無限なものを無限集合という。集合論の主要な研究テーマはもちろん無限集合にある。自然数の集合は無限集合を考察する出発点になる。そして自然数の集合と1対1に対応する集合は，可算集合といって，集合論の立場では同じ大きさをもつ集合と考える。有理数は自然数にくらべてずいぶん多くあるようにみえるが，有理数の集合は可算集合である。それでは実数の集合はどうだろうか。

　カントルの最初の驚くべき発見は，実数の集合は可算集合ではないということであった。実数は $1, 2, 3, \cdots$ と番号をつけていくわけにはいかないのである。このことは，'無限の大きさ'にも段階があるということである。ここにいろいろな無限集合の大きさを測ってくらべるという，新しい数学の問題が登場してくることになった。カントルは三角級数の一意性の問題から，数直線上に並ぶ実数の集合に注目するようになったのである。カントルの集合論への研究の第一歩，それは実数の集合が可算集合であるかどうかを調べることからはじまったのであるが，それがどのようなものであったかは，デデキントとの手紙のやりとりのなかで知ることができる。

1 集合と要素

自然数全体の集まりを
$$N = \{1, 2, 3, \cdots\}$$
と表わし，N を自然数の集合という。$\{\ \}$ の中にかかれている自然数は，自然数の全部を集めたものを表わしているので，その順序や，1つ1つの数の性質，たとえばこの数は偶数，この数は素数などに注目しているわけではない。したがって
$$N = \{3, 2, 5, 1, 4, 6, 7, 8, \cdots\}$$
とかいてもよいのである。

そしてこのとき，1つ1つの自然数は集合 N の要素といって，たとえば $3, 2, 5$ が N の要素であることを
$$3 \in N,\ 2 \in N,\ 5 \in N$$
のように表わす。

一般に数学では，1つの抽象的な概念が与えられ，この概念に含まれる1つ1つのものが明確に識別できるとき，この全体を**集合**という。そして1つ1つのものを，この集合の**要素**，または**元**という。こうして数学の概念は，抽象的な集合という存在の形をとって，数学の対象となってくる。

(**注意**) 集合は英語で set，要素は element である。日本語では要素より元のほうが使いやすいときがある。本書では要素と元を適当に併用する。

もちろん集合という言葉は日常的にも，たとえば1つの森の木の全体の集合とか，東京に住んでいる人の全体の集合とかにも使われるが，これを数学的に扱うには，森の木の場合でいえば木の1つ1つに番号をつけて，

それが 1, 2, 3, …, 1000 であったときには，集合として {1, 2, 3, …, 1000} として抽象的に見ることになる．これらはしかしすべて有限個の要素からなる集合であり，**有限集合**とよばれるものになっている．

集合論でおもに対象とするのは，自然数の集合，有理数の集合，実数の集合など，その集合を構成する要素の数が無限にあるものである．このような集合を**無限集合**という．数だけではなく，平面上にある三角形のすべてや，関数 $y = f(x)$ のすべてや，またそのなかに含まれる連続関数の全体なども集合として考えることができる．

集合 M に対して，a が M の要素であることを

$$a \in M, \quad \text{または} \quad M \ni a$$

と表わす．また，a が M の要素でないことを示すには

$$a \notin M, \quad \text{または} \quad M \not\ni a$$

という記号を使う．

2 つの集合 N, M があって，N の要素がすべて M の要素となっているとき，N は M の**部分集合**であるといって

$$N \subset M, \quad \text{または} \quad M \supset N$$

と表わす．$\subset$ は集合の包含関係を表わす記号である．自然数の集合を $\boldsymbol{N}$，有理数の集合を $\boldsymbol{Q}$，実数の集合を $\boldsymbol{R}$ とすると

$$\boldsymbol{N} \subset \boldsymbol{Q} \subset \boldsymbol{R}$$

となっている．

自然数の集合 $\boldsymbol{N}$ は，$\boldsymbol{N} = \{1, 2, 3, \cdots\}$ と要素をかき出して表わすことができるが，しかし，正の分数全体の集合 M をこのように表わすことはできない．このときは

$$M = \left\{ \left. \frac{b}{a} \,\right|\, a = 1, 2, 3, \cdots, \ b = 1, 2, 3, \cdots \right\}$$

のように表わす．この表わし方は，M は $\dfrac{b}{a}$ からなる集合であるが，a, b はどのような数かを右のほうに示してある．しかし M には，$\dfrac{1}{2}$ も $\dfrac{2}{4}$ も $\dfrac{3}{6}$ も別の要素として含まれている．したがって数の集合と考えると，こ

の集合は正の有理数全体を表わしてはいない。正の有理数は集合としては

$$\left\{\frac{b}{a} \;\middle|\; a>0,\; b>0,\; \frac{b}{a} \text{ は既約分数}\right\}$$

として表わされる。

　数直線上で，$0\leqq x\leqq 1$ をみたす実数 x のつくる集合 M は

$$M=\{x \mid 0\leqq x\leqq 1\}$$

と表わされる。このとき

$$\frac{1}{2}\in M,\; \frac{\pi}{5}\in M \quad \text{であるが，}$$

$$3 \text{ と } -1 \text{ は } M \text{ の要素ではないから}\quad 3\notin M,\; -1\notin M$$

と表わされる。

　集合という考えは，数学のさまざまな包括的な概念を，数学の対象そのものとして見る視点を与えることになった。これはカントルの驚くべき着想であった。たとえば実数を例にとると，1つ1つの実数は数直線上における点の表示から切り離されて，実数の集合によって個別的な実数の総体として見る視点が与えられることになった。1つ1つの実数は，無限小数として表わされるが，それを完全に表示することはできない。

　しかしカントルの立場では，実数という概念が確立したということは，その概念を構成する1つ1つの数ははっきりと取り出され，数学のなかでの存在として見ることができるということを意味していた。そうすると，数学が新しく抽象的な概念を導入しても，その概念が明確に定義されていれば，いわば虚空に漂うようにみえた概念も，直ちに集合とその要素として地上に舞い下りてくることになり，そしてさまざまな数学のなかにまじって活発にはたらくことになる。数学はカントルの集合論以来，抽象的な概念を次々に積極的に導入し，そこにまったく新しい数学を展開させていくことになったのである。

トピックス　集合の記号{ }と記号∈

　まず集合を表わす記号{ }について思いついたことを述べておく。自然数の集合を $N=\{1, 2, 3, \cdots\}$ とする。このとき，1, 2, 3, … は N の要素である。N の部分集合は

$$\{1\}, \{1, 2\}, \{8, 12, 13\}, \cdots$$

のように表わされる。ここで最初にかいてある $\{1\}$ は，N の要素 1 ではなく，N の部分集合 $\{1\}$ を表わしている。$\{1\} \subset N$ であり，$1 \in N$ と区別される。

　このような違いはわずらわしいと思われるかもしれないが，ごく日常的なことである。私たちがある町の人を，住民登録の順にしたがって

$$M = \{a_1, a_2, \cdots, a_n\}$$

と表わすとする。このときこの町の世帯を示す集合は

$$\{\{a_1, a_2\}, \{a_3\}, \{a_4, a_5, a_6\}, \cdots\}$$

のように表わされるだろう。$\{a_1, a_2\}$ は a_1, a_2 の 2 人世帯であり，$\{a_3\}$ は a_3 だけの独身世帯を示している。確かに a_3 と $\{a_3\}$ が表わしているものは違うのである。

　なお，$a \in M$ のときに使われている記号 ∈ は，要素 element の頭文字の e，または対応するギリシア文字 ϵ からとられたものと思われる。

2　1対1対応と可算集合

　M, N を2つの集合とする。M の各要素 x に，N のある要素 y を対応させる規則 φ が与えられたとき，この規則を M から N への**写像**といって，$y = \varphi(x)$ のように表わす。写像 φ によって，M は N のなかへうつされる

が，このうつされた先，すなわち N の部分集合

$$\{y \mid ある x \in M で \varphi(x) = y\}$$

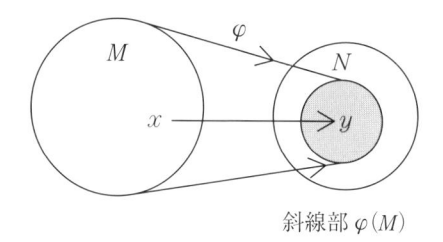

斜線部 $\varphi(M)$

を，φ による M の像といって $\varphi(M)$ で表わす．

- $\varphi(M) = N$ のとき，φ を M から N の**上への写像**，または**全射**という．
- $x \neq x' \Rightarrow \varphi(x) \neq \varphi(x')$ が成り立っているとき，φ を **1 対 1 写像**，または**単射**という．

2つの集合 M, N に対して，M から N の上への 1 対 1 写像があるとき，φ を M から N への **1 対 1 対応**といい，このとき M と N は**対等な集合**であるという．

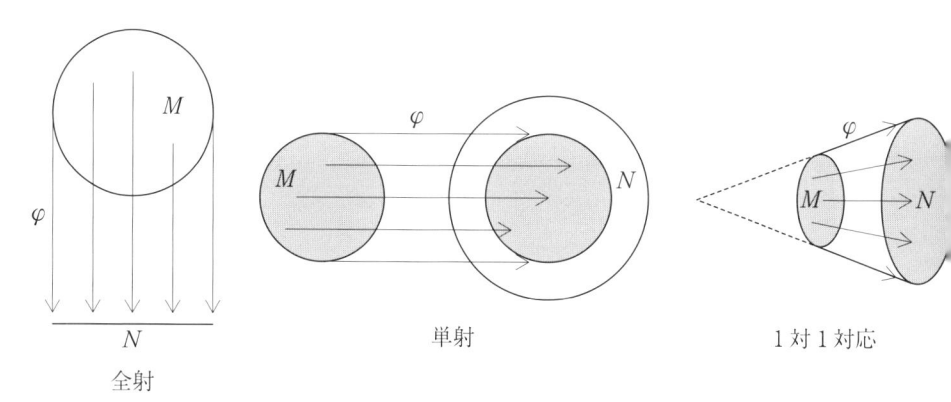

全射　　　　　単射　　　　　1 対 1 対応

集合 M が自然数の集合 N と 1 対 1 に対応するとき，すなわち M が N と

対等な集合のとき，M を**可算集合**という。

可算集合の例をいくつか挙げておこう。

例1 偶数の集合 $\{2, 4, 6, 8, \cdots\}$
このときは，$\boldsymbol{N}$ との1対1対応は

自然数	1	2	3	4	5	$\cdots$
	$\updownarrow$	$\updownarrow$	$\updownarrow$	$\updownarrow$	$\updownarrow$	
偶数	2	4	6	8	10	$\cdots$

で与えられる。

例2 整数の集合 $\{1, 2, 3, \cdots, 0, -1, -2, -3, \cdots\}$
このときは，$\boldsymbol{N}$ との1対1対応は

自然数	1	2	3	4	5	$\cdots 2n$	$2n+1 \cdots$
	$\updownarrow$	$\updownarrow$	$\updownarrow$	$\updownarrow$	$\updownarrow$	$\updownarrow$	$\updownarrow$
整 数	0	1	-1	2	-2	$\cdots n$	$-n \cdots$

で与えられる。

例3 円周率 π を無限小数として表わしたとき，その無限小数に現われる数字を順に取り出して並べた集合
$$\{3, 1, 4, 1, 5, 9, 2, \cdots\cdots\}$$
これは最初から1番目，2番目と数えて自然数の集合と対応させることができる。

例4 2つの自然数の組 (m, n) のつくる集合 A，すなわち
$$A = \{(1, 1), (1, 2), (2, 1), (2, 2), \cdots\cdots, (m, n), \cdots\cdots\}$$

を考える。この集合 A が可算集合であることは，この並び方をかえて図のように座標平面上に格子点 (m, n) をとると，矢印の順に $1, 2, 3, \cdots$ と番号をつけられることからわかる。

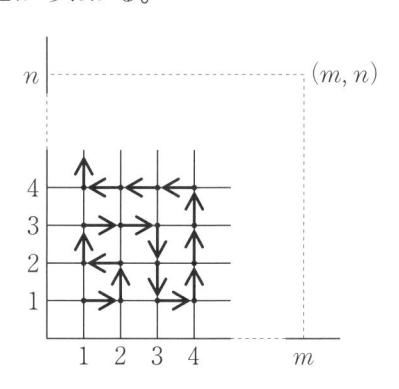

例5 A が可算集合で
$$B \subset A, \qquad B \text{ は無限集合}$$
ならば，B は可算集合

これは
$$A = \{a_1, a_2, \cdots, a_n, \cdots\}$$
とし，この順で B の元を取り出して，それを1番目，2番目，$\cdots$ と並べていくと，B は無限集合だからどこまでも並べていくことができて
$$B = \{b_1, b_2, \cdots, b_n, \cdots\}$$
となる。したがって B は可算集合である。

例6 正の有理数全体がつくる集合

これは，例4の可算集合を A とするとき，A の要素 (m, n) に分数 $\dfrac{m}{n}$ を対応させる。この分数が既約分数となっているような (m, n) の部分集合 B は，例5から可算集合となっている。したがって既約分数として一通りに表わされる有理数の全体も可算集合となる。

例7 A は可算集合,B は A とは共通な要素をもたない可算集合,または有限集合とする。このとき A と B の要素全体からなる集合 C は可算集合である。

このことは $A = \{a_1, a_2, a_3, \cdots\}$ とし,B が可算集合のときは $B = \{b_1, b_2, b_3, \cdots\}$ として,C の要素を $\{a_1, b_1, a_2, b_2, \cdots\}$ と並べれば C が可算集合となることからわかる。B が有限集合のときも同様。

この結果と例6から,正,負の有理数と 0 からなる有理数の全体がつくる集合も可算集合となることがわかる。

コメント ここでひとつコメントを与えておこう。

有理数の全体が可算集合をつくっていることは,上の証明を見てしまえば,ごく当たり前のことをいっているように思えるかもしれない。しかしそれは私たちがいつの間にか有理数を概念としてとらえているからである。ここでは有理数は数直線上の点として分布しているという見方は消えている。もし有理数について,私たちが数直線上にぎっしりと隙間がないように詰め合っているというイメージしかもっていなければ,それを1つ1つ取り出して番号をつけていくことができるということを想像するのは難しいだろう。私たちは,すでにこのシリーズの第1巻での数の見方からは離れて,集合論という新しい光のなかで数を見ているのである。

* * *

[代数的な数]

カントルが,'無限を数える' という対象として,最初にまったく抽象的な考えに立って集合を '数えてみた' のは,代数的な数のつくる集合であった。このことについて述べてみよう。

有理数の全体は可算集合をつくっていることがわかった。それでは有理数にさらに

$$\sqrt{2} \text{ とか}, \quad -7\sqrt[3]{8} \text{ とか}, \quad \frac{4}{5}+\frac{1}{3}\sqrt{2}+\frac{5}{11}\sqrt[6]{3}$$

のような根号の入った式で表わされる数まで加えて考えるとどうなるのだろうか。このような数は有理数にくらべるとはるかに多い。それでも可算集合をつくっているのだろうか。

まず問題を整理してみよう。
有理数 $\frac{b}{a}$ は，方程式の立場で見ると，1次方程式
$$ax - b = 0 \quad (a \neq 0, \ a, b \text{ は整数})$$
の根である。2次方程式
$$ax^2 + bx + c = 0 \quad (a \neq 0, \ a, b, c \text{ は整数})$$
の根は
$$-\frac{b}{2a} \pm \frac{\sqrt{b^2 - 4ac}}{2a}$$
となり，平方根の入った式で表わされる。
3次方程式
$$ax^3 + bx^2 + cx + d = 0 \quad (a \neq 0, \ a, b, c, d \text{ は整数})$$
の根は，$\sqrt[3]{\ }$ と $\sqrt{\ }$ の入った式で表わされる。

そこで問題を一般化した立場からとらえようとすると次のようになる。
一般に n 次方程式
$$a_0 x^n + a_1 x^{n-1} + a_2 x^{n-2} + \cdots + a_{n-1} x + a_n = 0 \quad (*)$$
$(a_0 \neq 0, a_1, a_2 \cdots, a_n \text{ は整数})$ の根として表わされる数を代数的数とよぶことにする。そうすると実数のなかにある代数的数全体のつくる集合は可算集合なのだろうか。

カントルは，代数的数全体もやはり可算集合であることを示した。その証明のため，カントルは方程式$(*)$に対して
$$h = n + |a_0| + |a_1| + \cdots + |a_n|$$
とおき，h をこの方程式の高さとよんだ。そうすると，高さ h は自然数で，

h を 1 つ決めると，その高さをもつ方程式は有限個しかない．1 つ 1 つの方程式の実根の個数は有限だから，結局高さ h をもつ方程式から得られる実根の総数は有限個である．$h=2$ からはじめて（高さ $h=1$ の方程式はない），順に，高さ h をもつ方程式の根を数えていくと，結局，代数的数として表わされる実数は可算集合となることがわかる．

3 実数の集合

　それでは，無限集合はすべて数えられる集合——可算集合となるのだろうか．何よりもまず実数全体は可算集合となるのだろうか．

　このようなことが数学の問題となることなどカントル以前にはだれも考えもしないことであった．無限に向きあってそれを解明する道は，ヨーロッパ数学がそれまでとってきた'方法'のなかにないことは確かであった．それは新しい'理念'に立ってはじめて得られるものである．そこにカントルの立脚点があった．

　カントルの見出した結果は驚くべき事実であり，それは無限に向けて数学が確実に歩み出しはじめたことを意味していた．

【カントルの定理】　実数の集合は可算集合ではない．

　カントルはこの結果を 1873 年に見出した．公表されたのは 1874 年である．その証明には**数直線の連続性**が用いられた．以下でこの証明を述べてみることにする．なお有名な対角線論法を使うもう 1 つの証明は，この 17 年後，1891 年になって見出された．この証明は次章で述べることにする．

[証明]　実数の集合 R が可算集合とすると矛盾がでることを示す。

実数が可算集合とすると，実数は自然数と 1 対 1 に対応する。したがって 1 つ 1 つの実数にナンバーがつけられて，このナンバーにしたがって，3 番目の実数とか，532 番目の実数など，実数を番号によって名指しできることになる。

いま 1 番目の実数を α，2 番目の実数を β とし，

$$\alpha < \beta$$

とする。

次に α と β のあいだにある実数で番号がもっとも小さい実数を α_1 とし，次に α_1 と β のあいだにある実数で番号がもっとも小さい実数を β_1 とする。α_1 の番号が 10 で，β_1 の番号が 100 であるときの状況を図で示すと下のようになる。

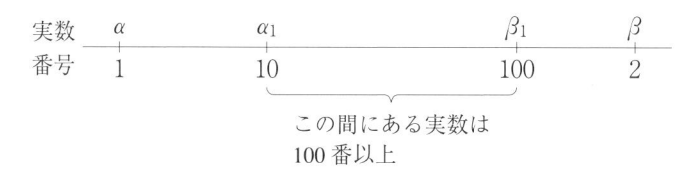

```
実数    α         α₁              β₁       β
番号    1         10              100      2
                    ⎧―――――――⎫
                    この間にある実数は
                    100 番以上
```

次に α_1 と β_1 のあいだにある実数で一番番号の小さい実数を α_2 として，α_2 と β_1 のあいだにある一番番号の小さい実数を β_2 とする。たとえば α_2 の番号を 200 とし，β_2 の番号を 500 とすると，図のようになっている。

```
実数    α         α₁        α₂           β₂      β₁      β
番号    1         10        200          500     100     2
                             ⎧―――――⎫
                             この間にある実数は
                             500 番以上
```

こうして

$$\alpha < \alpha_1 < \alpha_2 < \cdots \quad \cdots < \beta_2 < \beta_1 < \beta$$

という実数列ができる。α_n と β_n のあいだにある実数は，n が大きくなるにつれ，番号がどんどん大きくなっていく。さてここで「実数の連続性」（第 1 巻，4 章，5 節）を使うと

$$\lim_{n \to \infty} \alpha_n = A, \qquad \lim_{n \to \infty} \beta_n = B$$

となる実数 A, B が存在する．しかし，この2つの実数は，すべての α_n と，すべての β_n のあいだにはさまれているので，この A, B には番号がつけられていない．

　これはすべての実数にナンバーがつけられていると仮定したことに反している．したがって実数は可算集合ではないことが示された．（証明終り）

　これは衝撃的な結果であった．たぶんカントル以前の数学者も，自然数より実数のほうがはるかに多くあるという感じはもっていただろう．しかし，自然数は個別的な数として，実数は数直線上の連続体として表わされていた．ここには，この2つの数体系の全体像を，1つ1つの数が集まってできる'大きさ'として測ってみて比べようとするような総合的な視点など，どこにも見出すことなどできなかったのである．

　実数の1つ1つは，一般には個別的に取り出して表現することのできない数である．無限小数を最後までかくことはできない．実数を個別に取り出してみるということ自体，実数という数体系を崩してしまうことを意味するのかもしれない．もし，自然数と実数の大きさを比べようとするならば，個別的な自然数と連続的な実数を，1つの高い総合的な視点から見る立脚点がどうしても必要になるだろう．

　カントルがここでとった立脚点が，カントルを集合論へと向かわせる出発点となった．すなわちカントルは，**数学における実在は，概念によってその存在が保証されている**とみたのである．そしてその存在を集合と要素とよんで数学の前面に取り出したが，このとき2つの集合の大きさを要素を通して比べることは，カントルのなかでは明確な問題として定式化されてくることになった．カントルがこのような独創的な視点を見出す契機となったのは次節で述べる三角級数の一意性の問題からであった．

トピックス　カントルの定理が問うもの

　実数は可算集合ではないというカントルの定理と，その後の集合論の展開は，数学者だけではなく，神学者や哲学者にも大きな反響をよび起こした。

　私たちが昔から信じてきたことは，無限とは測りしれないものであり，そこには一切のものが包容されるということであった。無限は永遠の思想ともつながっていた。しかしカントルは大胆にもこの無限に足を踏み入れ，無限の大きさを測り，そこに違いがあることを見出したのである。もともと測るということは，目の前にある量に対して行なわれることである。実数の集合は可算集合でないということは背理法で示されている。これは無限を測ったといえるだろうか。むしろ無限を集合を通して論証の場に上げたことだけを意味するのではないだろうか。私たちの奥深くにある'我，山に向かいて目を上ぐ'というような無限への想いと，数学に内在する無限とは異なるものだろうか。もしそうだとしたら数学が無限のなかで表現しようとしているものは何か。

　集合論に対してさまざまなところから湧き上ってきた強い批判と，このような理論は認めがたいとする反論は，ひとりひとりが背負っている数学に対する理念から生じてきたものであったが，やがて20世紀になって，集合という考えのもたらした数学の存在そのものに対する大きな抽象性は，数学者に受け入れられ，数学を大きく展開させていくことになった。集合の考えと，そこに盛られた理念は，数学の創造の源泉となってきたのである。

　前節の最後で代数的数について述べた。代数的数でない数，すなわち整数を係数とする方程式の根とはならない数を「**超越数**」という。円周率 π や，自然対数の底 e などは超越数である。また自然数を並べてつくった無限小数 $0.123456789101112\cdots$ も超越数であることが知られている。しか

し超越数かどうかを見分ける一般的な規則は知られていない。

実数の集合は，代数的数の集合と超越数の集合からなる。代数的数の集合は可算集合だから，もし超越数の集合が可算集合ならば，実数の集合も可算集合となってしまう。したがって，超越数の集合は可算集合ではないことがわかる。そうすると数直線上に記されているほとんどすべての数は超越数であるということになる。しかしそれらの数の1つ1つは特定することのできない無限小数として表わされている。e とか π とかの特別な超越数でない限り，ほとんどすべての超越数は，数直線上の1点として，永遠に取り出されることもなく，じっとその場所にひそんで止まっている。そしてその数直線の上を変数が自由に走り抜けていく。このような数直線の姿をぼんやり想像していると，ふだん使いなれている実数や，数直線にも何か神秘的な影が漂ってくるようである。

4 スタート地点
—— 三角級数論との出会い

カントルの集合論への研究の端緒は，実は三角級数論の研究のなかから生じてきた。カントルは，1869年にハルレ大学に移ったが，ここで年上の同僚としてハイネ(1821–1881)と知り合うようになった。ハイネはこの頃，2π を周期とする関数は三角級数として

$$f(x) = \frac{1}{2}a_0 + \sum_{n=1}^{\infty}(a_n \cos nx + b_n \sin nx)$$

と表わせるか，またこの表わし方は一意的かという問題に取り組んでいた。この問題は1853年にリーマンが講師就任論文のなかで取り上げたものであった。1870年にこの問題に対してハイネは次のような部分的な解答を与えた。

「もし関数が有限個の点を除いて連続で，三角級数がほとんどすべての点で収束するときはこのことは成り立つ。」

ハイネは同僚としてやってきた若い数学者カントルに大きな期待を寄せていた。そしてカントルに，解析学にとって重要なこの問題に挑戦してみては，と激励した。

カントルは 1870 年の論文で

「ある関数が，実数のすべての値に対して三角級数として表わされるならば，この表わし方は一意的である」を示し，翌年の論文では，この条件を，有限個の点を除いて，としてもよいことを示した。

この一意性の定理は，カントルのなかで 1872 年になって大きく動きはじめた。それは次の段階として，除外点がさらに無限個の場合の考察へと進めようとしたとき生じてきた。それはカントルの目が，おのずから，実数と数直線，さらにそれを構成する 1 つ 1 つの点へと向けられるようになってきたことを意味する。

カントルは除外点のようすを知るためには，まず実数について満足のいくような理論をつくることが必要であると考えるようになった。それまでは無理数というものは存在すると仮定した上で，1 つ 1 つの無理数は，それを定義する有理数列の極限として考えていた。カントルは無理数の存在をあらかじめ仮定しないで，無理数論を構築していこうとした。そのため有理数列 $a_1, a_2, \cdots, a_n, \cdots$ が，どんな正数 ε をとっても，m, n さえ十分大きくとれば

$$|a_{m+n} - a_m| < \varepsilon$$

をみたすとき，カントルはこれを基本列といって，そしてこれは確定した極限値 b をもつといった。そしてこのような基本列から得られる数の全体を B で表わした。有理数の全体を A とすると，各有理数 a に対して，$a_n = \alpha \ (n = 1, 2, \cdots)$ とおいた数列 $\{a, a, a, \cdots\}$ は基本列をつくるから

$$A \subset B$$

である。

トピックス　実数概念の確立——その揺籃期

　私たちは，すべての実数は有理数の基本列の極限として表わされることを知っている。したがって，B は基本列に同値関係を入れたものと認めれば，B は実数そのものである。しかしカントルはそのようには考えなかったようである。当時，実数概念はまだ十分確定していなかった。何しろデデキントの『連続性と無理数』が出版されて，広く反響をよび起こしたのは，カントルがこの論文をかいたのと同じ年のことである。実数は数直線上の点として表わされるという直観的な見方から離れて，概念として実数を正しくとらえてみようとする動きは，はじまったばかりのときであった。その方向に進むことは，必然的に数学が，連続性の解明から無限とは何かという問題に対面することを意味していた。

　カントルは，たぶん基本列という概念だけでは十分ではないと感じたのだろう。カントルの論文では，このあと次のようなことがかかれている。A から B が構成されたのと同じような考えで，B から無限列 $b_1, b_2, \cdots, b_m, \cdots$ をとり，これが基本列となるとき，この基本列の表わす数領域を C とした。さらに C からいっそう高次の数領域が得られていく。カントルはこのような抽象的な基本列の'塔'のなかに実数概念をとらえようとしたのである。そしてこのような数体系に含まれる1つ1つの数に対しては，数直線上のある1点が対応していることを，公理とした。

　第1章4節で述べた『連続性と無理数』の序文のなかでデデキントがカントルの考えを批判したのは，たぶんカントルが実数を単に概念としてこのように理念のなかだけでとらえようとした点にあったのだろう。

　実数概念の確立は，この時代，なお揺籃期にあったのである。

　しかしカントルがこのトピックスで示したような，無限を追ってゴールに着いたら，そこを新しい出発点としてさらに新しい無限を追っていくという，無限のなかにひそむ**「生成原理」**ともいうべき考えは，数直線上

の点の集合に適用されて導集合という考えのなかで成果が示されることになった。

　数直線上に無限の点を含む集合 P があるとき，数直線上の点 p が P の極限点であるというのは，どんなに小さい正数 ε をとっても，p の ε-範囲のなかに P の点が入っているということである。

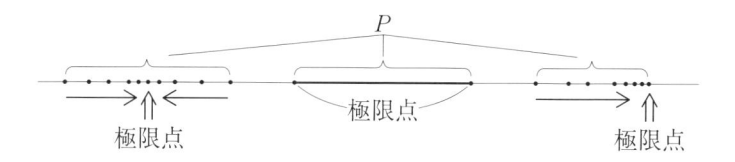

P の極限点の集合を P' と表わし，これを P の**導集合**といった。

　たとえば

$$P = \left\{ \frac{1}{m} + \frac{1}{n} \,\middle|\, m, n = 1, 2, \cdots \right\}$$

とすると，$\frac{1}{n}$ は，P の点列 $\frac{1}{m} + \frac{1}{n}$ ($m = 1, 2, \cdots$) の極限点となっており，また 0 も $\frac{1}{m} + \frac{1}{n}$ ($m, n = 1, 2, \cdots$) の極限点となっているので，

$$P' = \left\{ 0, \frac{1}{n} \,\middle|\, n = 1, 2, \cdots \right\}$$

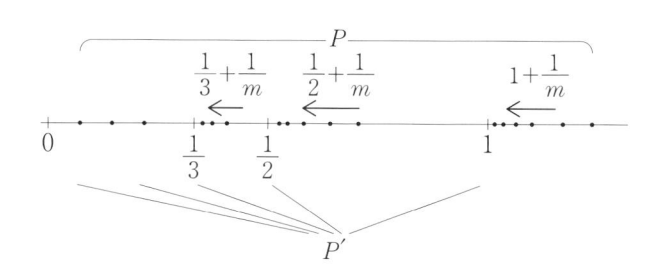

となる。さらに P' の導集合を考えると，$P'' = \{0\}$ となる。ここではこれ以上，導集合を考えることはできない。

　一般に無限集合 P をとって，次々に導集合をとっていくと，あるとこ

ろで，極限点がなくなる場合

（Ⅰ）　$P \to P' \to P'' \to \cdots \to P^{(n)}$　　　（$P^{(n)}$ の極限点はない）

と，どこまでもこの系列が続いて

（Ⅱ）　$P \to P' \to P'' \to \cdots \to P^{(n)} \to P^{(n+1)} \to \cdots$

となるときがある。カントルは（Ⅰ）の場合を第1種の集合，（Ⅱ）の場合を第2種の集合といった。（Ⅱ）の場合には，一般には，この→の究極のところになお無限集合 $P^{(\infty)}$ が残り，そこからまた導集合をとる操作を続けていくことができるだろう。無限のこのような段階的な操作には，究極のゴールという場所を一般には見出せないのである。これはやがてカントルの「超限数」の思想へとつながっていくものになったのかもしれない。

ハイネがカントルに提起した最初の問題に戻ると，カントルは，三角級数の一意性について次の定理を証明した。

もし
$$0 = \frac{1}{2}a_0 + \sum_{n=1}^{\infty}(a_n \cos nx + b_n \sin nx)$$
が，$[0, 2\pi]$ の中に含まれる第1種の集合を除いてつねに成り立つならば，
$$a_0 = 0, \quad a_n = b_n = 0 \quad (n = 1, 2, \cdots)$$
が成り立つ。

数直線上で有理数は稠密であり，実数は連続である。カントルは，この研究のなかで，数の深みを感じとったのかもしれない。しかし一方，上の定理に述べられている条件はどこか空漠としてとらえどころがないような形をしている。これで実際，関数を解析したことになるのだろうか。カントルはここから関数を解析する道を捨てて，無限を解析していく道を進んでいくことになる。数直線のなかで眠っていた数は，カントルの研究で目覚め，躍動をはじめることになったのである。

トピックス　導集合の系列が無限に続く例

数列のつくる無限集合で，導集合の系列が無限に続き，その極限の集合が残っている第2種の集合の例を1つあげておこう。

$$A_1 = \left\{\frac{1}{n_1} \;\middle|\; n_1 = 1, 2, \cdots\right\}, \quad A_2 = \left\{\frac{1}{n_1} + \frac{1}{n_2} \;\middle|\; n_1, n_2 = 1, 2, \cdots\right\}$$

$$\cdots, \quad A_k = \left\{\frac{1}{n_1} + \frac{1}{n_2} + \cdots + \frac{1}{n_k} \;\middle|\; n_1, n_2, \cdots, n_k = 1, 2, \cdots\right\}, \cdots$$

また $A_0 = \{0\}$ とおく。

このとき A_k の導集合 A'_k は

$$A'_k = A_0 \cup A_1 \cup A_2 \cup \cdots \cup A_{k-1}$$

となる。したがって

$$P = A_0 \cup A_1 \cup A_2 \cup \cdots \cup A_k \cup \cdots$$

とおくと(ここで次章で導入する集合の和の記号 $\cup$ を用いている)。

$$P = P' = P'' = \cdots = P^{(\infty)}$$

となる。

注目!!　カントルとクロネッカーの分岐点

カントルはこのように数直線を細かく分析していく過程で，数直線の連続性のなかに隠されていた'無限の素顔'がしだいに現われてくることに注目したのである。これを契機とするかのように，カントルは無限の深淵に誘いこまれていくことになった。

カントルのこの三角級数の結果は，当時解析学の最高峰に立っていたベルリン大学のワイエルシュトラスは賞讃したが，同じ大学のクロネッカーは，この結果を認めようとせず，カントルのこの研究の方向にむしろ敵意さえ示すようになってきた。クロネッカーは数論の大家であり，またかつてはカントルの師でもあった。カントルとクロネッカーとの対立は，この

あともおさまることなく，ますます激しさを増していくことになる．このことについてはあとでまた述べる機会がある．

クロネッカーは，数は1つ1つはっきりと明示され，そこに数学がはたらくと考えていたようである．たとえば無理数を勝手にいくつか取り出して，それらの個別的な相互の性質を自然数のときのように調べることなどできないだろう．無限小数として表わされる数などいったいどこにあるのだろう．実際クロネッカーは，無理数の存在さえ疑っていた．クロネッカーが，カントルの示した「三角級数の一意性定理」に不快感を示したのは，ある三角級数がこの条件をみたすことをどのようにして確かめるのか，ということにあったのかもしれない．これは空虚な事実を述べているにすぎないのではないのか．

一方，カントルは，数学は無限を背負っており，それは概念の自立性によって，はっきりとした姿を，高い山々の連なりのように示しているとみていたのではないだろうか．カントルにとって，この定理は三角級数を見る1つの視点であったに違いない．

カントルとクロネッカーは，数学のなかを深く流れ続けている無限の流れの，互いに彼岸に立って向きあっていた．カントルは数学の対象を離れて総括的に見る場所に立ち，一方，クロネッカーは対象のなかに深く入りこみ，そのなかにある個々の実在の姿をとらえようとしていたのだろう．

5 デデキントとの手紙
——集合論の誕生

第1章，3節でも述べたように，カントルとデデキントとは互いに理解し合える深い友情で結ばれていた．カントルにとってデデキントは，自分の考えに理解を示してくれる，心を許せるただひとりの数学者であったに

違いない。

　カントルは，デデキントに宛てて，1873年11月29日付で次のように手紙を書いている。

　　「私にとって理論上興味のある問題を，あなたにも提起してみたいと思います。私はその答を知らないのです。たぶんあなたならおわかりになるかもしれないし，私にその道を示して頂けるかもしれません。

　すべての正の整数 n の集合を (n) とする。次にすべての正の実数 x の集合を (x) とする。問題は簡単に述べることができます。(n) と (x) はおのおのの元が互いに1対1に対応することができるか，ということです。私の最初の考えでは，このようなことはできないということでした。なぜなら (n) は離散的ですし，(x) は連続的だからです。しかしここからは何も得ることはできませんでした。私はますます強く (x) と (n) のあいだには1対1対応はないと考えるようになっているのですが，それでもその理由を見出すことができないでいます。私の頭にあることは——それはあるいは非常に簡単なことかもしれない——ということです。

　あるいは最初に (n) が，すべての有理数 $\frac{p}{q}$ のつくる集合 $\left(\frac{p}{q}\right)$ と1対1に対応できるかを確かめておいたほうがよいと思われるかもしれしれません。しかしこのことについては，もっと一般的に

$$(a_{n_1 n_2 \cdots n_\nu})$$

$(n_1, n_2, \cdots, n_\nu$ は有限個の任意の自然数の組) として表わされ，数に対しても成り立ちます。それを示すことは，そんなに難しいことではありません」

　これについてデデキントは次のようにノートに記している。

　　（注）　カントルからデデキントに宛てた手紙は残されているが，デデキントからカントルに宛てた手紙は，初期のうちはその内容を記したデデキント

のノートのなかにだけ残されているものが多いようである。

「カントル氏(ハルレ大学)は私に次のような問題を提起してきた。すべての正の整数の集合(自然数の集合)(n)と正の実数(x)とは，それぞれの集合の1つの要素が，互いに対応することができるか。これについてカントル氏は，《まず(n)がすべての正の有理数の集合$\left(\dfrac{b}{a}\right)$と1対1に対応するだろうか？ しかしこの2つの集合は1対1に対応するだけではなくて，(n)は集合

$$(a_{n_1 n_2 \cdots n_\nu}) \qquad (n_1, n_2 \cdots, n_\nu は正の整数を動く)$$

とも1対1に対応することも示せる》といってきた。

私は取り急ぎ返事を送って，最初の問題についてはどうなるか知らないと答えた。しかしこのとき同時に，私はすべての代数的な数のつくる集合は，自然数の集合(n)と1対1に対応するということを証明した(少しあとになって，この定理の証明は，ほとんど同じ形で「クレルレ」誌77巻にカントルの論文として載せられている。しかし多少の違いがあるとすれば，カントル氏が私の助言にもかかわらず，実の代数的数しか考えなかったことである)。

なお，最初に述べられた問題については，実際的な興味がないという理由で，苦労して考えるに及ばないという私の意見は，超越数の存在についてカントルが与えた証明(「クレルレ」誌77巻)によって，覆えされてしまった。」

カントルは1873年12月7日付のデデキントへの手紙で，正の実数の集合(x)が，正の整数の集合(n)とは決して1対1に対応できないことを伝えた。この手紙のなかで第3節で述べたこのことに対する証明が完全に述べられている。デデキントは，この証明で彼が見出した切断による実数の連続性が用いられていなかったことに，あるいは多少の不満が残ったかもしれない。

3章 集合演算と濃度

　2つの町が合併すれば，そこに住む人たちは1つの町の住民となる。このようなごく日常的なことも，抽象的に集合の言葉でいい直そうとすると，2つの集合の和をとって，新しい集合が得られるということになる。集合のあいだでは，和集合をとることと，共通集合をとることが基本演算となる。自然数の基数 1, 2, 3, …の次にあるものとして，可算集合の濃度を $\aleph_0$（アレフゼロ）とし，これを「カージナル数」という。与えられた可算集合に，5個のものを加えても可算集合である。このことは $\aleph_0 + 5 = 5 + \aleph_0 = \aleph_0$ と表わされる。実数の濃度は連続体の濃度といって $\aleph$ で表わす。実数の集合に可算集合を加えてみても濃度は変わらない。これは $\aleph + \aleph_0 = \aleph_0 + \aleph = \aleph$ と表わされる。

　カントルは3年間にわたる思考を重ねた末，彼自身にとってもまったく予想しなかった結果，'平面上の点全体がつくる集合の濃度は，実数の濃度 $\aleph$ に等しい'ことを示した。これはカージナル数の演算としては，$\aleph^2 = \aleph \times \aleph = \aleph$ で示される。したがってまた空間全体がつくる集合の濃度についても $\aleph^3 = \aleph \times \aleph \times \aleph = \aleph^2 \times \aleph = \aleph \times \aleph = \aleph$ が成り立つことになる。

　集合論が，無限そのものを数学の概念とし，そこに数学の理論を展開しようとしていることが明らかになるにつれ，当時の数学者たちの批判も反対も強まっていった。特にクロネッカーは，カントルの数学を絶対に受け入れようとはしなかった。

1 集合と集合演算

前章の最初にも述べたが，ここではさらに一般的な立場に立って，集合論の理論構成の基礎となる事項を改めてはじめから述べてみることにしよう。

要素，または元とよばれるものの集まりを集合という。要素 a が集合 M に属していることを

$$a \in M, \quad \text{または} \quad M \ni a$$

と表わす。この否定，すなわち要素 a が M に属していないことを

$$a \notin M, \quad \text{または} \quad M \not\ni a$$

と表わす（$a \overline{\in} M$ と表わすこともある）。

集合 M が要素 $a, b, c, \cdots$ からなることを明示したいときは

$$M = \{a, b, c, \cdots\}$$

とかく。

例1 40以下の素数の集合 M は

$$M = \{2, 3, 5, 7, 11, 13, 17, 19, 23, 29, 31, 37\}$$

と表わされる。$17 \in M$ だが，$18 \notin M$ である。

これから自然数の集合

$$\boldsymbol{N} = \{1, 2, 3, \cdots\}$$

と実数の集合 $\boldsymbol{R}$ はたびたび登場する。

有限個の要素からなる集合を有限集合，無限個の要素からなる集合を無限集合という（有限集合と無限集合の違いを集合の立場でいえば，与えら

れた集合 M から1つの要素を除いて得られる集合を N とすると，M と N が対等でないとき M は有限集合，M と N が対等のときは M は無限集合であるということになる）。

集合 M の要素 x に関する性質が与えられたとき，M の要素 x で性質 $P(x)$ をみたすもの全体はまた集合をつくる。この集合を
$$\{x \mid x \in M,\ P(x)\}$$
と表わす。x が M の要素であることが明らかなときには，簡略化して $\{x \mid P(x)\}$ と表わすこともある。

例2　$\{x \mid x \in \boldsymbol{N},\ x は 5 の倍数\} = \{5, 10, 15, 20, \cdots\}$

例3　$\{x \mid x \in \boldsymbol{R},\ x^2 \leqq 4\} = \{x \mid -2 \leqq x \leqq 2\}$

2つの集合 M, N があって，M の要素は N の要素となっており，逆に N の要素は M の要素となっているとき，M と N は等しいといって $M = N$ で表わす。

また2つの集合 M, N に対して
$$x \in M \Longrightarrow x \in N \quad (記号 \Longrightarrow は，'ならば' とよむ)$$
が成り立つとき，M は N の部分集合であるといって，$M \subset N$ で表わす。

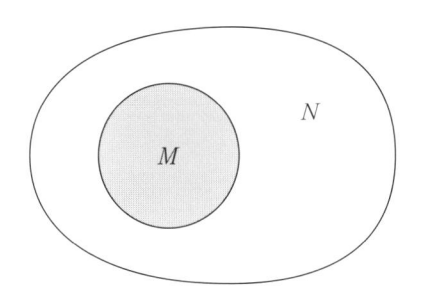

$M \subset N$，M は N の部分集合

$M \subset N$，$N \subset M$ ならば $M = N$ である。

何も要素をもたないものも集合の仲間入りをさせて，それを**空集合**とい

い，記号 $\emptyset$ で表わす．どんな集合 M をとっても，空集合は M の部分集合になっているとする．すなわち $\emptyset \subset M$ である．

例4 集合 $A = \{1, 2, 3\}$ の部分集合にはどんなものがあるか考えてみよう．

空集合　$\emptyset$
1つの要素からなる部分集合　$\{1\}$，　$\{2\}$，　$\{3\}$
2つの要素からなる部分集合　$\{1, 2\}$，　$\{1, 3\}$，　$\{2, 3\}$
3つの要素からなる部分集合　$\{1, 2, 3\}$

全部で8つの部分集合がある．

これらの部分集合を新しく要素と考えると，ここに A の部分集合の集合が構成される．その集合は8個の要素からなり

$$\{\emptyset,\ \{1\},\ \{2\},\ \{3\},\ \{1,2\},\ \{1,3\},\ \{2,3\},\ \{1,2,3\}\}$$

と表わされる．

2つの集合 M, N が与えられたとき，M と N のどちらかに属する要素の全体はまた集合をつくる．これを M と N の**和集合**，または**合併集合**といって

$$M \cup N$$

と表わす．

$$M \cup N = \{x \mid x \in M \quad \text{または} \quad x \in N\}$$

である．

M に属する要素と N に属する要素はすべて異なると考えて，M と N の和集合をとったものを M と N の**直和**といって $M \sqcup N$ と表わす．M に属する要素を (x, M)，N に属する要素を (y, N) とかいて区別すれば

$$M \sqcup N = \{(x, M), (y, N) \mid x \in M,\ y \in N\}$$

と表わされる．

M と N の両方に共通に含まれている要素全体のつくる集合を M と N

の**共通部分**といい，$M \cap N$ で表わす．

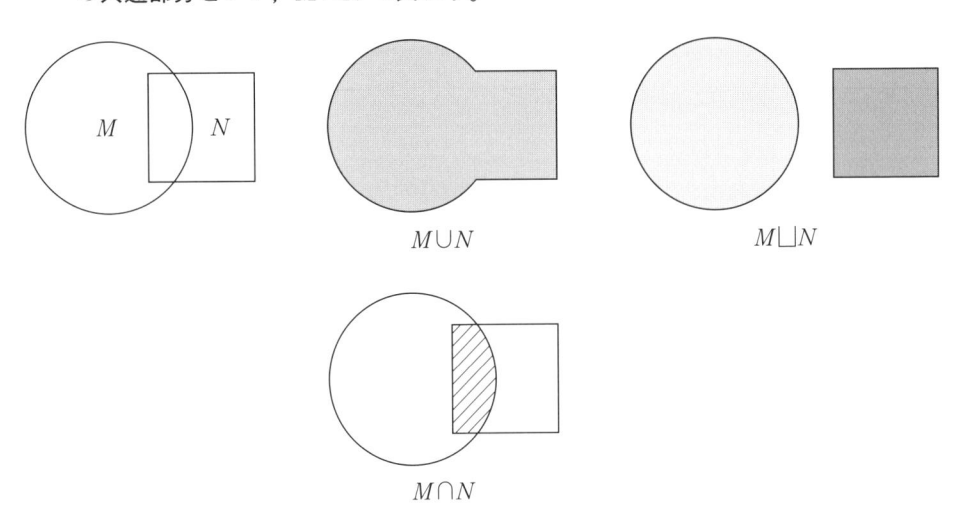

$M \cup N$

$M \sqcup N$

$M \cap N$

例5　$A = \{-2, -1, 0, 1\}$,　$B = \{-1, 1, 2, 3\}$ とすると
$$A \cup B = \{-2, -1, 0, 1, 2, 3\}$$
$$A \sqcup B = \{-2, -1, 0, 1, -1, 1, 2, 3\}$$
$$A \cap B = \{-1, 1\}$$

2つの集合 M, N に対して和集合 $M \cup N$，共通部分 $M \cap N$ をとることは，集合のあいだの演算とみることができる．

しかしながらこの演算が，いつでも自由にできるためには，M と N に共通の要素が1つもないときにも，$M \cap N$ を考えることができるようにしておきたい．このとき $M \cap N$ は空集合となっているので $M \cap N = \emptyset$ と表わす．すなわち

$$M と N には共通な要素がない \iff M \cap N = \emptyset$$

となる．

3章　集合演算と濃度

> 集合の演算――和集合と共通部分――について次の規則が成り立つ。
> i) $M \cup M = M$, $M \cap M = M$
> ii) $M \cup N = N \cup M$, $M \cap N = N \cap M$
> iii) $L \cup (M \cup N) = (L \cup M) \cup N$, $L \cap (M \cap N) = (L \cap M) \cap N$
> iv) $L \cup (M \cap N) = (L \cup M) \cap (L \cup N)$,
> $L \cap (M \cup N) = (L \cap M) \cup (L \cap N)$
> v) $M \cup (M \cap N) = M$, $M \cap (M \cup N) = M$

iv)を分配律,v)を吸収律ということがある。分配律の左側の式は下の図でも示しておいた。ここで左右の図を見くらべてみるとよい。吸収律のたとえば左側の式は $M \cap N \subset M$ であることに注意すれば明らかである。

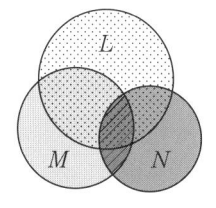

点と斜線の部分
$L \cup (M \cap N)$

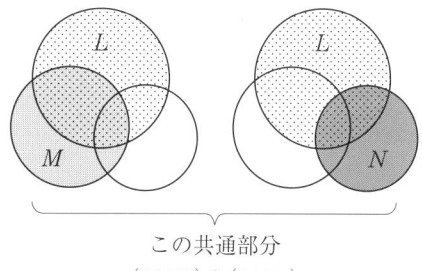

この共通部分
$(L \cup M) \cap (L \cup N)$

2 可算集合の濃度

10個のリンゴと10冊の本は,もちろん実質は全然違うものだが,そこには10という数は共有している。もともと $1, 2, 3, \cdots$ という数は,このようにいろいろなものの集まりの大きさを数えるところから生まれてきた。

しかしいまは無限集合の大きさもくらべられるようになった。たとえば

自然数の集合$\{1,2,3,\cdots\}$と偶数の集合$\{2,4,6,\cdots\}$は，可算集合として1対1に対応がつく。有理数の集合もこれらの集合と1対1に対応がつく。このときこれらの集合は同じ**濃度**をもつといって，これらの可算集合の濃度を表わすのに

$$\aleph_0$$

という見なれない記号を使う。$\aleph$はヘブライ文字のAに相当するもので，**アレフ**とよむ。したがって$\aleph_0$は**アレフ・ゼロ**という。この記法はカントルが最初に用いたもので，いまでは数学のなかで定着している。可算集合は濃度$\aleph_0$をもつということになる。

自然数$1,2,3,\cdots$をone, two, three, $\cdots$のようにものを数えるときに使うときは**基数**というが，基数の英語はcardinal numberである。$\aleph_0$も「**カージナル数**」という。そうするとカージナル数は

$$1,2,3,\cdots,n,\cdots,\aleph_0 \qquad (*)$$

と無限の領域にまで広がったことになる。

自然数にはたし算とかけ算がある。そこにさらに$\aleph_0$も加えてたし算とかけ算を拡張することにしよう。

まず$n+\aleph_0$を，$A_n=\{1,2,\cdots,n\}$と$\boldsymbol{N}=\{1,2,3,\cdots\}$の直和集合$A_n\sqcup\boldsymbol{N}$$=\{1,2,\cdots,n,1,2,3,\cdots\}$の濃度と決める。$A_n\sqcup\boldsymbol{N}$は可算集合だから

$$n+\aleph_0 = \aleph_0 \qquad (n=1,2,3,\cdots)$$

である。これは$\aleph_0+n=\aleph_0$とかいても同じことである。

また$\boldsymbol{N}$の直和集合$\boldsymbol{N}\sqcup\boldsymbol{N}$の濃度を$\aleph_0+\aleph_0$と表わす。そうすると

$$\aleph_0+\aleph_0 = \aleph_0$$

となる。これは$\boldsymbol{N}\sqcup\boldsymbol{N}=\{1,2,3,\cdots,1,2,3,\cdots\}$は並べかえると$\{1,1,2,2,3,3,\cdots\}$と表わされ，可算集合となることからわかる。$\aleph_0+\aleph_0$$=2\aleph_0$と表わすとこの結果は

$$2\aleph_0 = \aleph_0$$

となる。一般に$\aleph_0+\cdots+\aleph_0=n\aleph_0$とかくことにすると

$$n\aleph_0 = \aleph_0$$

3章　集合演算と濃度

である。これは集合 $\overbrace{N \sqcup N \sqcup \cdots \sqcup N}^{n}$ が可算集合であることを示している。

次にカージナル数のかけ算を定義するために，まず一般に集合 M, N が与えられたとき，M と N の直積集合を

$$M \times N = \{(x, y) \mid x \in M, y \in N\}$$

と定義する。

そうすると $\boldsymbol{N} = \{1, 2, 3, \cdots\}$ に対しては直積集合は

$$\boldsymbol{N} \times \boldsymbol{N} = \{(a, b) \mid a, b = 1, 2, 3, \cdots\}$$

となる。このとき $\boldsymbol{N} \times \boldsymbol{N}$ は可算集合となっている(第 2 章 2 節例 4)。この事実を濃度を用いて

$$\aleph_0 \times \aleph_0 = \aleph_0, \quad \text{あるいは} \ \aleph_0^2 = \aleph_0$$

とかく。この記法を使ってみると

$$\aleph_0^3 = \aleph_0 \times \aleph_0 \times \aleph_0 = \aleph_0^2 \times \aleph_0 = \aleph_0 \times \aleph_0 = \aleph_0$$

となる。一般に

$$\aleph_0^n = \aleph_0 \quad (n = 1, 2, 3, \cdots)$$

が成り立つ。このことは集合

$$M = \{(a_1, a_2, \cdots, a_n) \mid a_i = 1, 2, 3, \cdots \quad (i = 1, 2, \cdots, n)\}$$

が可算集合であることを示している。

3 連続体と平面の点の集合

第 2 章 3 節で，実数の集合 $\boldsymbol{R}$ は可算集合でないことを示した。実数の集合 $\boldsymbol{R}$ の濃度を連続体の濃度といって $\aleph$ (アレフ)で表わす。連続体の濃度が可算集合の濃度より大きいことを

$$\aleph_0 < \aleph$$

と不等号を使って表わす。

濃度$\aleph$は，実数の集合$\boldsymbol{R}$の濃度であるが，それはまた数直線上の点全体のつくる集合の濃度であるといってもよい。数直線上の開区間$(0,1)$から$\boldsymbol{R}$への1対1写像

$$(0,1) \ni x \longrightarrow \tan\left(\pi x - \frac{\pi}{2}\right)$$

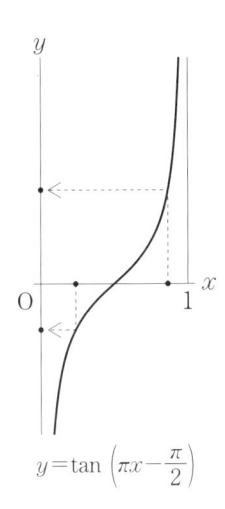

$$y = \tan\left(\pi x - \frac{\pi}{2}\right)$$

があるから，開区間$(0,1)$に含まれる点の集合の濃度も$\aleph$である。したがってまた開区間$(0,1)$を相似に拡大または縮小して得られる開区間(a,b)に含まれる点の集合の濃度も$\aleph$である。

$\aleph$も，$\aleph_0$と同じように演算の対象となると考えるときにはやはりカージナル数という。ここでも直和集合をとることが，カージナル数の和をとることに対応している。

これに対して

$$\aleph + \aleph_0 = \aleph_0 + \aleph = \aleph \tag{1}$$
$$\aleph + n = n + \aleph = \aleph \quad (n = 1, 2, \cdots) \tag{2}$$

が成り立つ。このことをカージナル数のあいだの演算として示してみよう。

(1)の証明。

$$\aleph = (\aleph - \aleph_0) + \aleph_0$$

とかいてもよい。これは，$\boldsymbol{R}$ から自然数の集合 $\boldsymbol{N}$ を除いて，そこにまた $\boldsymbol{N}$ をつけ加えたことを示している。この両辺に $\aleph_0$ をたしてみる。

$$\aleph + \aleph_0 = (\aleph - \aleph_0) + \aleph_0 + \aleph_0.$$

前節で示したように，この右辺では $\aleph_0 + \aleph_0 = \aleph_0$ が成り立っている。したがって

$$\aleph + \aleph_0 = (\aleph - \aleph_0) + \aleph_0 = \aleph$$

がわかった。

(2)の証明。

$$\aleph_0 + n = \aleph_0$$

だから

$$\aleph + n = (\aleph - \aleph_0) + \aleph_0 + n$$
$$= (\aleph - \aleph_0) + \aleph_0 = \aleph.$$

これで証明された。

したがって連続体の濃度の集合に，有限個の要素をつけ加えても，可算個の要素をつけ加えても，濃度は変わらない。特に数直線上の開区間に端点をつけ加えて得られる閉区間の点の濃度はやはり $\aleph$ である。

✽ 平面上の点は直線上の点より多いか

可算濃度 $\aleph_0$ より大きな濃度 $\aleph$ があることは，第2章3節で述べたように，1873年にカントルが見出した驚くべき結果であった。無限に向けての数学の一歩がはじめてしるされたのである。カントルはしかしここに止まることはなかった。連続体の濃度よりさらに大きな無限があるに違いないと考え，次に平面上の点の集合に目を向けたのである。

私たちは，直線と平面との違いは，直線にくらべて，平面ははるかに多くの点を含んでいるということでまず感じとっている。カントルはこのこ

とを彼の無限の考えのなかで明らかにしようとした。そして1874年1月のデデキント宛の手紙のなかで，この問題を述べ，答は明らかなことに思えるが，それを示すことは非常に難しいようだと伝えている。同じ年カントルがベルリンへ行って，友人たちにこの問題を伝えたとき，このような問題設定の唐突ともいえる奇妙さに，みんな驚いていたという。

　直線上の点は順序よく並んでいる。そしてその並びは連続性の概念が支えている。それを手がかりとして，カントルは直線上の点が可算でないことを示したのである。もし平面上の点が直線上の点より多いとすれば，それを示すのは，きっと平面上の点が連続的に四方に広がっていく状況に注目して，そこに背理法が適用できる状況を見つけることにあるのだろう。カントルは多分そのように最初考えたのだろうが，しかし平面上の点は，果てしない広がりのなかにあって，背理法を与えてくれるような手がかりをそこに見つけることは困難だったのである。実際，私たちが平面上の点のほうが直線上の点より多いと感じるのは，むしろ平面は広がっているという先験的ともいえる感覚によっているのではないだろうか。それは数学以前の問題ではないか。カントルの友人たちがこの問題をカントルから伝えられたときみせた驚きと混乱は，当然のことであった。

　カントルはこの問題をその後3年間にわたって考え続けていたようである。そして1877年6月20日付のデデキント宛の手紙で，ρ 次元の空間の点と直線のあいだに1対1の対応が成り立つということを示せたように思うが，そこに何か間違いはないか確かめて頂きたいとかき送った。この手紙のなかでカントルは次のようにかいている。

「次元の等しい数の集合体は，解析的には互いに移り合えると考えられているように，私は問題を一般化して次のように純粋に算術的にとらえることができるのではないかと考えました。

　《$x_1, x_2, \cdots, x_\rho$》をそれぞれ独立な変量で，$\geqq 0$，$\leqq 1$ をみたしている

3章　集合演算と濃度

とする。y を同じ範囲を動く $\rho+1$ 番目の変数とする。

このとき，$(x_1, x_2, \cdots, x_\rho)$ を決まった y に対応させることができるか。そして逆に，決まった y の値に対して一意的に $(x_1, x_2, \cdots, x_\rho)$ を対応させることはできるか？

そして私はここ何年かの間，これは成り立たないと思っていましたが，いまはこの問題は肯定的に解けると思うになってきました」

そして証明の要点を記して，デデキントにチェックしてほしいと要請した。

以下では $\rho=2$ のとき，すなわち座標平面上の点 (x_1, x_2) $(0<x_1\leqq 1, 0<x_2\leqq 1)$ と，直線上の点 y $(0<y\leqq 1)$ とが 1 対 1 に対応することについてのカントルの最初の考えと，デデキントによるその補正を述べてみることにしよう。

【カントルの証明】

平面上の点 (x_1, x_2)　$(0<x_1\leqq 1,\ 0<x_2\leqq 1)$ が与えられると，x_1, x_2 は無限小数として一意的に

$$x_1 = 0.\,\alpha_1\alpha_2\cdots\alpha_n\cdots$$
$$x_2 = 0.\,\beta_1\beta_2\cdots\beta_n\cdots$$

と表わされるから，これに対して数直線上の区間 $(0, 1]$ の点

$$y = 0.\,\alpha_1\beta_1\alpha_2\beta_2\cdots\alpha_n\beta_n\cdots$$

を 1 対 1 に対応させることができる。

＊　＊　＊

このカントルの証明は，これで証明されたのかと思うほど簡単である。しかし私たちはここで立ち止って，平面の広がりを思ってみるとよいのかもしれない。平面が，平面という表象をすべて捨てて，平面もまた単なる点の集まりにすぎないという見方に達するまで，カントルの思索は，いっ

たいどのようなところを駆け回ったのだろうか。

【デデキントの補正】

これに対してデデキントは，この対応で

$$(x_1, x_2) \longrightarrow y$$

は一意的に決まるが，y に対して (x_1, x_2) は一般的には一意的に決まらず，したがってこの対応は1対1ではないことを注意した。それは正の実数を無限小数として表わすとき，その表わし方が一通りであるためには，'あるところから先，0がずっと続くことはない'，すなわち有限小数としては表わさないという条件があったからである（たとえば 0.74 は 0.73999… と表わす）。

そのためカントルの示した対応では，平面上で同じ点を表わしている2つの異なる表示が，直線上では異なる2点へと対応してしまうことが生ずるのである。たとえば

$$(0.539999\cdots,\ 0.18762\cdots) \longrightarrow 0.5138979692\cdots$$
$$\|\qquad\qquad\qquad\qquad\qquad\qquad\neq$$
$$(0.540000\cdots,\ 0.18762\cdots) \longrightarrow 0.5148070602\cdots$$

となる。

したがってカントルの対応では，平面上の点と直線上の点とが1対1に対応しているとはいえなくなる。デデキントはカントルの対応を補正して，たとえば上の例では，直線上の点の無限小数表示で，0の続くところは1まとめにして，直線上の点と平面上との点の対応を次のように補正するとよいとした。

$$0.514\,80\,70\,60\,2\cdots \longrightarrow (0.54702\cdots,\ 0.18060\cdots)$$

この対応によって，平面上の点 (x_1, x_2) $(0 < x_1 \leqq 1, 0 < x_2 \leqq 1)$ と，直線上の点 x $(0 < x \leqq 1)$ とは，それぞれを無限小数表示によって一通りに表わしておくと，1対1に対応するのである。

3章 集合演算と濃度

これで次の驚くべき定理が示されたことになる。

> **定理** 平面上の点の集合 $\{(x_1, x_2) \mid 0 < x_1 \leq 1, 0 < x_2 \leq 1\}$ と直線上の点の集合 $\{x \mid 0 < x \leq 1\}$ とは1対1に対応する。すなわち平面上の点の集合の濃度は $\aleph$ である。

このことが明確に示されたとき，デデキントにあてた感謝の手紙のなかで，カントルはこの結果について有名な言葉を書き残した。

「見レドモ，信ズルコトアタワズ」

カントルは，このとき無限という果てしない広がりと深みのなかに，私たちの直観で支えられた次元という概念も包みこまれ，呑みこまれていくような感じをもったのかもしれない。平面上の点のほうが，直線上の点よりはるかに多くあるという私たちの感じは，カントルのとらえた無限のなかでは確かめることはできなかったのである。'信ズルコトアタワズ'というカントルの言葉には，カントルの無限に向けての新しい驚きと，無限の底知れぬ深みに対する畏敬の念とがこめられているようにみえる。

それでは，直線と平面，すなわち1次元と2次元とは何によって区別されるのか。デデキントはこれに対し，単に点のあいだの1対1の対応ではなく，1次元では点は一つの方向に，2次元では点は四方に連続的につながっていく状況を考察する必要があるだろうと注意している。

トピックス　次元とは何か

それでは次元とは何だろうか。次元を理解するためには，デデキントが示唆したように，点が連続的につながっていく状況が，直線では左右方向だけなのに，平面では縦，横方向に自由に動けるようになっていることに注目しなくてはならないのだろう。平面や空間に向けての私たちの最初の

感じは広がりである。この広がりの感じを捨てて，単に点の集合と見たところにカントルの天才的な閃きがあったのだろうが，それは平面や空間という概念を突き崩してしまうものであった。

実際，カントルの示した直線と平面の点との1対1対応は，平面上にある点をすべてばらばらにして袋に入れ，それを改めて取り出し適当に直線上に並べたものとなっている。カントルの目が，直線や平面に向けられるときには，そこには点があり，直線や平面という概念の'存在'がすべてその1つ1つの点にかかわっていると見たのだろう。それではさらにこの存在の上に連続性という'性質'を加えて抽象化したならば，そこにはどんな数学が展開するのだろうか。それはこのシリーズ第5巻の主題となる位相空間が明らかとすることである。次元は1対1の連続写像では保たれる概念だったのである（正確には，逆写像も連続という条件も必要になる）。

4 対角線論法

平面上の点の集合が，連続体の濃度 $\aleph$ をもつという証明は，すぐに一般化されて，一般に n 次元空間

$$\boldsymbol{R}^n = \{(x_1, x_2, \cdots, x_n) \mid x_i \in \boldsymbol{R} \quad (i = 1, 2, \cdots, n)\}$$

の点の集合も濃度 $\aleph$ をもつことが示される。

さらに次の章で示すように，'無限次元空間'

$$\boldsymbol{R}^\infty = \{(x_1, x_2, \cdots, x_n, \cdots) \mid x_i \in \boldsymbol{R} \quad (i = 1, 2, \cdots)\}$$

の点の集合も濃度 $\aleph$ をもっている。

カントルはこのあとひとまず濃度の研究から離れて，あとで述べるような順序数と，また点集合論とよばれるものに関心を深めていくようになった。カントルはたぶん最初は，集合の濃度には，自然数の濃度 $\aleph_0$，実数

の濃度$\aleph$以外にもいろいろな濃度があり，それを調べることで，数学のなかでの無限の実在の姿がしだいに明らかとなっていくと思っていたのかもしれない。しかしR^nの点の濃度も$\aleph$であることが判明してくると，$\aleph_0$と$\aleph$以外に，数学が対象とするもののなかに，さらに大きな無限などあるかという，空漠とした問題だけが残ることになった。

カントルはこのあと10数年たった1891年になって実数の集合は可算でないことを示す別証明を与えた。この証明に用いられた有名な対角線論法は，無限集合に対してまったく新しい展望を与えることになった。

これからこの証明を述べてみよう。

【カントルの定理】 実数の濃度は$\aleph_0$ではない。

[第2証明] $0<\alpha\leqq1$をみたす実数αのつくる集合が可算集合でないことを示せば十分である。いまこの集合が可算集合であったとして，$\{\alpha_1, \alpha_2, \cdots, \alpha_n, \cdots\}$と並べられたとすると矛盾が生ずることを示す。

$0<\alpha\leqq1$の実数は，すべて無限小数としてただ一通りに表わすことができる。そこで$\alpha_1, \alpha_2, \cdots, \alpha_n, \cdots$をそれぞれ

$$\alpha_1 = 0.a_1a_2a_3\cdots a_n\cdots$$
$$\alpha_2 = 0.b_1b_2b_3\cdots b_n\cdots$$
$$\alpha_3 = 0.c_1c_2c_3\cdots c_n\cdots$$
$$\cdots \quad \cdots$$
$$\alpha_n = 0.k_1k_2k_3\cdots k_n\cdots$$

と表わす。そこで次のような無限小数で表わされる実数ω ($0<\omega\leqq1$)を考えよう。

$$\omega = 0.r_1r_2r_3\cdots r_n\cdots$$

ここで$r_1, r_2, r_3, \cdots, r_n, \cdots$は1から9までの数であるが

$$r_1 \neq a_1, \quad r_2 \neq b_2, \quad r_3 \neq c_3, \quad \cdots, \quad r_n \neq k_n\cdots$$

のようにとってある。

そうすると，$\omega \neq \alpha_1$ である。なぜなら小数点以下1位の値が違うから。$\omega \neq \alpha_2$ である。なぜなら小数点以下2位の値が違うから。

以下同様にして，一般に小数点以下 n 位の値を見比べることにより

$$\omega \neq \alpha_n \quad (n = 1, 2, \cdots)$$

であることがわかる。

すなわち ω は，最初 $0 < \alpha \leq 1$ をみたす実数全体が可算集合と仮定して並べた数のなかには入っていない実数である。これで矛盾が出たので，$0 < \alpha \leq 1$ をみたす実数の集合は可算集合ではない。　　　　　　（証明終り）

カントルは，この対角線論法は，無限の厚い扉を叩き，そこを開いてさらに奥へと進んでいく道を指し示すものであることを直観したようである。この証明では，実数が数直線上に示している連続性は完全に消えてしまっている。かわりに見えてくるのは概念と論理だけである。ここに至るのに10数年の歳月を要したのかもしれない。

カントルは対角線論法によって，さらに次のようなことが示されることに注目した。

いま，実数上で定義された関数 $f(x)$ で，**0 と 1 のどちらかの値しかとらないような関数**全体がつくる集合を $\tilde{M}$ とする。このとき $\tilde{M}$ の濃度は連続体の濃度より大きい。

このことは，対角線論法の考えにしたがって，次のように示される。

いま集合 $\tilde{M}$ が実数の集合 $\boldsymbol{R}$ と1対1に対応したとしてみよう。そしてこのときこの対応を

$$\boldsymbol{R} \ni \alpha \longleftrightarrow f_\alpha(x) \in \tilde{M} \qquad (*)$$

と表わすことにする。

ここで対角線論法の考えを適用する。各実数 α に対して，対応する関数 f_α のとる値に注目する。その上で $\omega \in \tilde{M}$ は，各実数 α に対して次のように決められた関数とする。

3章　集合演算と濃度

$$\omega(\alpha) = \begin{cases} 0, & f_\alpha(\alpha) = 1 \text{ のとき} \\ 1, & f_\alpha(\alpha) = 0 \text{ のとき}. \end{cases}$$

この関数 ω は $\widetilde{M}$ の要素であるが, どんな f_α とも等しくなることはない。それは $x = \alpha$ でとる値を考えると

$$\omega(\alpha) \neq f_\alpha(\alpha)$$

となっているからである。すなわち $\omega \neq f_\alpha$ である。

したがって ω は ($*$) の対応から洩れている $\widetilde{M}$ のなかの関数である。このような ω があることは, R と $\widetilde{M}$ とのあいだに1対1対応があったという仮定に矛盾する。

したがって $\widetilde{M}$ の濃度は, R の濃度 $\aleph$ より大きい。

$\aleph_0$ と $\aleph$ 以外に, さらに大きな濃度をもつ無限集合が存在したのである。これから集合論という数学の新しい理論の展望が開けてくることになる。これは次の章の主題となる。

5 エピローグ

実数の集合 R の濃度が可算濃度 $\aleph_0$ ではなく, 連続体の濃度 $\aleph$ であることを最初に見出してから, 対角線論法を用いる第2証明を見出すまでに, 10数年の歳月が流れた。この時期は, 自らの天才がもたらした光と影とが, カントルの人生の上でもっとも激しく交錯するときでもあった。

そこにはヨーロッパ数学の動きもあった。ヨーロッパ数学は, 19世紀になるとニュートン, ライプニッツが創造した微分積分が解析学となって大きく展開し, 一方, ガウスの整数論は数の深みに改めて数学者の目を向けさせるようになっていた。数学は自然科学や技術へ応用され広がりを増

すとともに，数学内部でも大きな体系が築かれつつあった。しかしこのようような動きのなかに，改めて数学を見直そうという気運も高まってきた。特にそのような動きが著しかったのは解析学であった。関数の研究が広がってきて，さまざまな形で極限の考えが使われるようになってくると，改めて極限とは何か，連続性とは何か，またそれを支える実数とは何かという，解析学の基礎に目が向けられるようになってきたのである。

それは同時に，デデキントの著書『数とは何か，数とはいかにあるべきか』(1887年)の標題が示すように数そのものへの関心が深まってきたことを意味している。

注目!! カントルとクロネッカーとの対決

ベルリン大学の教授であったクロネッカーは，数学の算術化ということを主張していた。それは整数の上に有限回の演算のみを認める数学のプログラムのことであった。クロネッカーは，πという数の存在も疑っていた。3.141592…の先に何の規則性もなくどこまでも続いていく小数の系列など，どこに実在しているといえるのか。観念のなかでしか存在を認められないものを対象とするのは形而上学であろうが，数学は形而上学ではない，より明晰な学問であるというのがクロネッカーの立場だったのだろう。実際，私たちが数直線上の1点を指して'この実数'というときにも，点には大きさがないので，正確に1点を指し示すことなど不可能なことである。'この実数'といういい方さえ意味をもたないとすれば，クロネッカーが主張することも理解できるのである。

クロネッカーの立場では，一般の数列という考えも意味を失ってしまうので，極限概念や，実数の連続性なども認めがたいものとなる。実際，クロネッカーは「ボルツァーノ－ワイエルシュトラスの定理」とよばれる，平面上の点に対する極限点の存在を示す定理や，また上極限，下極限などという考えも受け入れようとはしなかった。

クロネッカーは，カントルが数学のうしろに無限を見ていたように，数学のうしろをしっかりと支える数と算術の世界を見ていたのである。この二人の立場に，妥協を見出せる場所はなかった。互いの主張が明確になるにつれ，二人の対立は激しさを増していったのである。

　クロネッカーは，自然数だけを「神の創り給いしもの」といって認めたが，カントルは「数学は自由である」といっていた。この二人の数学者の立つ場所は対極的なところにあって妥協を許すようなところはひとつもなかった。二人の数学に対する深い思い入れと強い信念は，彼らの生そのもののなかから湧き上ってきたものに違いない。それは数学という学問のもつひとつの姿を示すものであったといえるのかもしれない。

　クロネッカーは，当時もっとも権威のある数学誌「クレルレ」の編集を担当していた。クロネッカーは送付されてくる論文の掲載をいつでも拒否できる立場にいた。それでもカントルの実数の集合は可算ではないということを示した論文は，1874年の「クレルレ」誌に，わずか4頁の論文として掲載されている。この論文を「クレルレ」誌に送るにあたって，カントルはたぶん熟慮の末，'外交的手腕'を使った。それは論文のタイトルを「実の代数的数のつくる集合の一性質について」としたのである。そして論文の主要なテーマは代数的数の全体が可算集合をつくっていることを示すことにあるとした。論文のなかではこの証明をしたあとで，それに添えるように，実数の集合は可算でないことを述べ，この2つの結果として，超越数は無限にあることが結論できるとかいた。

　しかしこのあと，クロネッカーとカントルとの対立は激しさを増していったようである。この3年後の1877年6月に，「クレルレ」誌に「集合についての一つの寄与」と題する集合論について2番目となる論文を送った。ここでは平面上の点の集合，一般にはn次元の空間の点の集合が，連続体の濃度をもつことが証明されていた。この論文については，「クレルレ」誌が掲載を約束し，ワイエルシュトラスが掲載を速めるように努めてみたにもかかわらず，すぐには取り上げられることもなく放置されてしまった

のである．カントルはこの動きの背後にはクロネッカーがいると確信した．カントルは，この論文を別の雑誌に載せようと考えたが，デデキントがそれを宥(なだ)め，もう少し待ってみるとよいといった．デデキントの忠告は正しく，結局1878年の「クレルレ」誌に掲載されることになった．

カントルはこの掲載を遅らした意図に腹を立て，このあと2度と「クレルレ」誌に論文を送ることはなかった．カントルはこのときから，クロネッカーは自分の仕事が世に出て広まっていることを嫌っているのだと思うようになった．カントルはこれ以後，彼の集合論や無限の考えに対して反対する立場をとる人と，積極的に戦っていこうと決めたようである．

1880年代に，カントルはドイツにおける数学の発展のために，新しい数学の学会をつくろうと考えはじめていた．彼は，伝統に縛られている大学や，あまり活動していなかった'ドイツ数学者，物理学者学会'にかわるようなものを考えていた．カントルは，クロネッカーが力をもっていた一流大学では，自分の仕事に対する無理解と偏見があり，それが彼の進む道を狭めていると感じていた．彼は，新しい独立な機関が，オープンな会合を組織し，そこで若い数学者たちに学ぶ意欲を与え，新しい革新的なアイディアにも耳を傾けてやれるようにしたいと考えた．

こうして1891年に，ハルレ大学において，ドイツ数学者協会(Deutsche Mathematiker-Vereinigung)の最初の会合が開かれ，カントルがこの協会の会長に選ばれた．この協会の機関誌の第1巻に，カントルは対角線論法の論文を載せたのである．この論文にはさらに驚くべきこと，すなわち同じ論法の適用によって，どんな濃度の集合をとっても，それよりさらに大きい濃度をもつ集合が存在することが示される，と記してあった．

これを次章の最初に述べることにしよう．

4章 無限のひろがり

　集合論という立場に立って，いったい，数学はどこまで無限を追求できるのだろうか．実数の濃度よりさらに高い濃度をもつ集合などあるのだろうか．実際，私たちが数学で出会う無限は，自然数と実数がおもなものである．さらに高い濃度の集合があるとすれば，それは既成数学の枠を出たところにあるに違いない．カントルは実際この枠を突き破ってしまった．カントルは，どんな集合をとっても，その部分集合全体のつくる集合をとると，必ず濃度は高くなることを証明した．したがって次々と部分集合の集合をとるということを続けていくと，'無限'自身がどこまでも無限の階段を上っていくことになる．これは数学の世界のことというより，あるいはカントルの観念の世界のなかで見たことであるといったほうがよいのかもしれない．したがってそこには，無限濃度を示すカージナル数として$\aleph_0$と$\aleph$だけではなく，たくさんのカージナル数が登場してくることになる．そこでカージナル数についての一般論というべきものも必要となってきて，そこに「カントル－ベンディクソン」の定理とよばれるものも登場してきた．

1 果てしない無限

前章4節で,対角線論法を使って$\aleph_0$より$\aleph$のほうが大きいということを示しただけではなく,さらに実数上で0と1しか値をとらない関数全体のつくる集合の濃度は$\aleph$を越えているということも示した。実はカントルはこのとき,同じように対角線論法を使うと,次の驚くべき定理まで得られることを注意していたのである。

> どんな無限集合Mをとっても,Mの濃度よりさらに大きな濃度をもつ無限集合$\tilde{M}$が存在する。

すなわちMとは決して1対1に対応しないような,もっとたくさんの要素をもつ集合$\tilde{M}$が存在するのである。このことは,'無限'はそれ自身のなかに,さらに大きな無限に向かって駆け上っていく,果てしない階段を内蔵していることを意味している。

有限集合では,濃度を上げるためには,ただ1つの要素をつけ加えればよい。有限集合ではごく当たり前のこのことが,無限集合になると急に謎めいたものになる。集合論によって,有限と無限に対する隔たりの感じは,狭まっていったとみてよいのだろうか,それともますます大きくなってきたと考えるほうがよいのだろうか。

このことを示すため,カントルの考えにしたがって,実数$\boldsymbol{R}$よりさらに濃度の高い集合があることを示した対角線論法による証明の考えを,そのまま一般の集合Mに適用してみよう。

そのときの対角線論法と同じように，今度は M 上で定義された関数 φ で，M の各要素 x に対してとる値は 0 か 1 のどちらかであるようなものを考え，そのような関数全体のつくる集合を $\tilde{M}$ とする。すなわち M から $\{0, 1\}$ への写像の全体の集合を $\tilde{M}$ とするのである。

ここで M と，この集合 $\tilde{M}$ のあいだに 1 対 1 の対応があったとしよう。そしてそれを
$$M \ni \alpha \longrightarrow \varphi_\alpha(x) \in \tilde{M} \qquad (*)$$
とかく。$\varphi_\alpha(x)$ は 0 か 1 をとる関数である。そこで各 $\alpha \in M$ に対して
$$\omega(\alpha) = \begin{cases} 0, & \varphi_\alpha(\alpha) = 1 \text{ のとき} \\ 1, & \varphi_\alpha(\alpha) = 0 \text{ のとき} \end{cases}$$
とおく。$\omega \in \tilde{M}$ となっている。このとき，どんな $\alpha \in M$ をとっても
$$\omega(\alpha) \neq \varphi_\alpha(\alpha)$$
したがって
$$\omega \neq \varphi_\alpha$$
である。このことは $\tilde{M}$ の中には $(*)$ の対応で含まれていなかった ω があることを示している。

したがって M から $\tilde{M}$ の上への 1 対 1 対応は存在しない。一方，M の各元 α に対して，α で 1，それ以外では 0 という関数を対応させてみると，$M \subset \tilde{M}$ と考えることができる。

これで $\tilde{M}$ は M より濃度の高い集合であることがわかった。

あとでもっと一般的な立場で記号を導入するが，ここでいま考えた集合 $\tilde{M}$ を，もっとわかりやすく
$$\mathrm{Map}(M, \{0, 1\})$$
と表わすことにしよう。

このとき，上にわかったことは次のようにいい表わせる。

(A)　$\mathrm{Map}(M, \{0, 1\})$ の濃度は M の濃度より大きい。

4 章　無限のひろがり

このことを別の言葉でいいかえてみよう。

いま M の部分集合全体のつくる集合を $\mathcal{P}(M)$ で表わすことにする。

たとえば，$M=\{1,2,3\}$ のときには
$$\mathcal{P}(M) = \{\emptyset, \{1\}, \{2\}, \{3\}, \{1,2\}, \{1,3\}, \{2,3\}, \{1,2,3\}\}$$
である。

そこで $\mathrm{Map}(M, \{0,1\})$ の各要素 ρ に対して，
$$S_\rho = \{\, x \mid \rho(x) = 1 \,\}$$
とおくと，$S_\rho \in \mathcal{P}(M)$ であり，

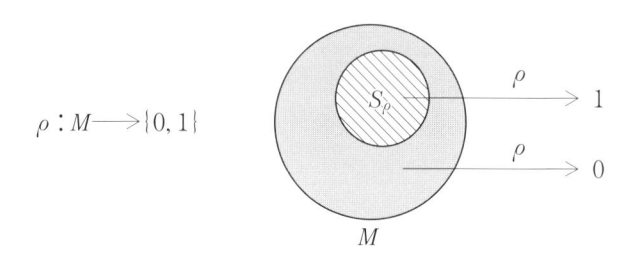

$\rho : M \longrightarrow \{0,1\}$

対応 $\rho \longrightarrow S_\rho$ は，$\mathrm{Map}(M, \{0,1\})$ から $\mathcal{P}(M)$ への1対1対応となっている。したがって $\mathrm{Map}(M, \{0,1\})$ と $\mathcal{P}(M)$ の濃度は等しい。したがって (A) は次のようにもいい表わせることになった。

(B) M の部分集合の集合 $\mathcal{P}(M)$ の濃度は M の濃度より大きい。

(A)，(B) によってわかったことを，まとめて定理として述べると，これはカントルの見出した最大の定理となる。

定理 集合 M の部分集合のつくる集合 $\mathcal{P}(M)$ の濃度は，$\mathrm{Map}(M, \{0,1\})$ の濃度に等しく，M の濃度より大きい。

どんな集合に対しても部分集合のつくる集合を考えることができるから，特にこの定理を，M のかわりに $\mathcal{P}(M)$ にも適用することができる。そうすると $\mathcal{P}(\mathcal{P}(M))$ は $\mathcal{P}(M)$ よりさらに大きな濃度をもつ集合となる。

こうして M から出発して，次々と部分集合をつくる集合を構成してい

くと集合の系列
$$M \longrightarrow \mathcal{P}(M) \longrightarrow \mathcal{P}(\mathcal{P}(M)) \longrightarrow \cdots\cdots$$
が得られ，どんどん濃度の高い集合が生まれてくることになる．

これを可算回くりかえしたあとに，これらの集合の和集合
$$\tilde{M} = M \cup \mathcal{P}(M) \cup \mathcal{P}(\mathcal{P}(M)) \cup \cdots$$
をとる．そしてこの $\tilde{M}$ から同じことをくりかえしていくと，さらに高い濃度の集合が得られていくことになる．無限集合はどこまでも無限の階段を上り続けていく．

無限の旅には果てがない．

こうしてカントルの提示した集合論のなかでは，無限は静的なひろがりを示しているものではなく，**無限自身がそのなかに生成原理をもって新しい無限を次々と生んでいく**，動的な姿を示してきたのである．

そうすると濃度についていままでになかった新しい問題が生じてくる．自然数の集合 N は可算集合であるが，N の部分集合全体のつくる集合 $\mathcal{P}(N)$ はもう可算集合ではない．これは連続体の濃度 $\aleph$ なのだろうか．実際は次節で示すように $\mathcal{P}(N)$ の濃度は $\aleph$ である．それではいったい，可算濃度 $\aleph_0$ と連続体の濃度 $\aleph$ のあいだに，なお別の濃度があるのだろうか．問題としてはこちらのほうがはるかに深刻で，「連続体仮設」の問題とよばれている．これについては第 7 章で述べる．

カントルは，可算集合からはじめて，実数，平面上の点の集合を調べる道を一歩，一歩進んでいったが，濃度がこのように多様性を示し，数学の概念として明確になってくると，今度は逆に濃度の立場に立って，数学に現われるさまざまな概念が構成する集合の大きさを調べてみるという視点が生まれてくる．集合論がしだいに数学の理論として独立してきた．それは同時に既成の数学の枠組みを大きく越えていくことになった．

トピックス　無限の生成原理　その意味をめぐって

　このような無限の生成原理があるなどということは，カントルの天才のなかで閃かない限り，だれも夢にも思ってもみなかったことだから，はじめはこの結果をどのように受けとってよいのかわからず，驚きとともに，無限の彼方を茫洋と眺めるような気分になってくる。そして数学とはこんなことまでも明らかにするものかと思ってしまう。

　しかし，この驚きが少し遠のいてくると，これでいったい何がわかったといえるのだろうかという茫漠とした想いも湧いてくる。そんな大きな無限などだれにもとらえられないし，この無限の果てを追ってみることにどれだけ意味があるのだろう。ひとつひとつの無限に内容があって，それが数学の対象となるとはとても思えない。数学は概念だけでは成立しない……実際，カントルと同じ時代に生きた多くの数学者は，カントルの集合論を遠くから眺めていた。

　フランスの有名な数学者ポアンカレは，カントルの立っている場所について批判的であった。ポアンカレは次のような言葉を残している。

　　「これは心理学にとって興味のあることかもしれないが，これは定理ではない。それは1つの状況にすぎない」

　カントル自身は，自らが創造した集合論が，このようなさまざまな'状況'を生むこと，またその状況に対する批判に対して，どのような考えをもっていたのだろうか。たぶんそのようなさまざまな状況を超越したところに，数学の真の自由性が展開していくと考えていたのではなかろうか。カントルは，数学の概念は，私たちの思考をそこへ向けて閉ざしていくものではなく，つねに広げていくものであると考えていたのかもしれない。

　カントルの思索は，孤独のなかで深まっていった。

2 カージナル数の演算

　2つの集合MとNがあって，MとNのあいだに1対1の対応が成り立つとき，すなわちMとNとの濃度が等しいとき，MとNは同じ「カージナル数」をもつという。

　第3章で述べてあるように，有限集合と，可算集合と，実数の集合のカージナル数については，n個の要素からなる有限集合のカージナル数はn，可算集合のカージナル数は$\aleph_0$，実数の集合のカージナル数は$\aleph$である。

　一般に集合Mのカージナル数を表わすのに，集合を表記しているアルファベットMに対応するドイツ文字の小文字$\mathfrak{m}$を使って表わすことにする。この表わし方では，集合Lのカージナル数は$\mathfrak{l}$，集合Nのカージナル数は$\mathfrak{n}$となる。2つの集合MとNのあいだに1対1の対応があって濃度が等しいことは，カージナル数を使えば

$$\mathfrak{m} = \mathfrak{n}$$

と表わされる。

　カージナル数のたし算とかけ算を定義しよう。

　たし算：2つの集合MとNの直和集合$M \cup N$のカージナル数を

$$\mathfrak{m} + \mathfrak{n}$$

と表わし，これをたし算という。

　かけ算：2つの集合M, Nに対して，直積集合$M \times N$を

$$M \times N = \{(x,\ y) \mid x \in M,\ y \in N\}$$

と定義する。そして $M \times N$ のカージナル数を
$$\mathfrak{m}\mathfrak{n}$$
と表わし，これをかけ算という。

このカージナル数の演算については，次のような規則が成り立つ。

カージナル数の演算規則として
（ⅰ） $\mathfrak{m}+\mathfrak{n}=\mathfrak{n}+\mathfrak{m}$
（ⅱ） $\mathfrak{m}\mathfrak{n}=\mathfrak{n}\mathfrak{m}$
（ⅲ） $\mathfrak{l}(\mathfrak{m}+\mathfrak{n})=\mathfrak{l}\mathfrak{m}+\mathfrak{l}\mathfrak{n}$

が成り立つ。

たとえば(ⅲ)は
$$L \times (M \sqcup N) = \{(l, z) \mid l \in L, z \in M \sqcup N\} \quad (z \text{ は } M \text{ または } N \text{ の要素})$$
$$= \{(l, x) \mid l \in L, x \in M\} \sqcup \{(l, y) \mid l \in L, y \in N\}$$
$$= (L \times M) \sqcup (L \times N)$$
からわかる。

自然数 n に対して
$$n\mathfrak{m} = \overbrace{\mathfrak{m}+\mathfrak{m}+\cdots+\mathfrak{m}}^{n}$$
である。

可算濃度 $\aleph_0$ に対しては，第3章で述べたように
$$\aleph_0^2 = \aleph_0 \quad (\aleph_0^2 \text{ は } \aleph_0\aleph_0 \text{ を表わしている})$$
さらに一般に
$$\aleph_0^n = \aleph_0$$
が成り立つ。

また $\mathfrak{m}$ が無限濃度のときには
$$\mathfrak{m}+\aleph_0 = \mathfrak{m}$$

である(このことは 59 頁で $\mathfrak{m}=\aleph$ のときを示してある。それと同じ考えが適用できる)。

ここで 2 つのカージナル数 $\mathfrak{m}$, $\mathfrak{n}$ の巾(べき)

$$\mathfrak{m}^{\mathfrak{n}}$$

を導入する。

私たちはふつうの数では、たとえば 2^3 は $2\times 2\times 2$ であって

$$2^3 = 2\times 2\times 2 = 8$$

と定義する。しかし、無限集合の濃度を表わすカージナル数では、このような形で巾を定義することはできないので、巾について少し違った見方をする。すなわち $2^3=8$ は、3 つのものの集合 $\{a_1, a_2, a_3\}$ から、2 つのものの集合 $\{b_1, b_2\}$ へうつす写像全体の個数と考える。実際このような写像 φ を 1 つとるということは、たとえば

$$\varphi(a_1) = b_1, \quad \varphi(a_2) = b_2, \quad \varphi(a_3) = b_1$$

のように、a_1, a_2, a_3 のそれぞれが、b_1, b_2 のどちらにうつされるか選択することになる。それぞれの a_i の選択の仕方は 2 通りあるのだから、この写像の総数は $2^3=8$ となる。

同じように考えれば、n 個のもの $\{a_1, a_2, \cdots, a_n\}$ を m 個のもの $\{b_1, b_2, \cdots, b_m\}$ へうつす写像の総数は m^n である。

一般に空でない 2 つの集合 M, N が与えられたとき、N の各要素 x に対して、M のある要素を対応させる規則を、N から M への写像といい、写像全体のつくる集合を $\mathrm{Map}(N, M)$ と表わす。そしてこの集合のカージナル数を $\mathfrak{m}$ の $\mathfrak{n}$ 巾として

$$\mathfrak{m}^{\mathfrak{n}}$$

と表わす。

このとき巾の規則

$$\mathfrak{m}^{\mathfrak{n}_1+\mathfrak{n}_2} = \mathfrak{m}^{\mathfrak{n}_1}\mathfrak{m}^{\mathfrak{n}_2}$$

が成り立つ。

このことは次のようにしてわかる。$N_1 \sqcup N_2$ から M への写像 φ は、φ を

4 章　無限のひろがり

N_1 に限って得られる写像 $\varphi_1 \in \mathrm{Map}(N_1, M)$ と，φ を N_2 に限って得られる写像 $\varphi_2 \in \mathrm{Map}(N_2, M)$ によって決まる。

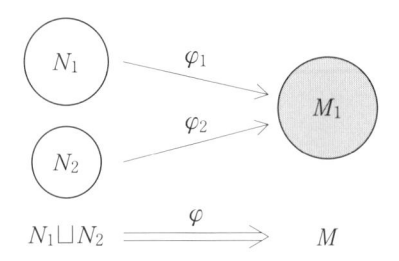

$$
\begin{array}{ccc}
N_1 & \xrightarrow{\varphi_1} & \\
 & & M_1 \\
N_2 & \xrightarrow{\varphi_2} & \\
N_1 \sqcup N_2 & \xrightarrow{\varphi} & M
\end{array}
$$

すなわち $\varphi \longleftrightarrow (\varphi_1, \varphi_2)$ という 1 対 1 対応がある。この対応は明らかに $\mathrm{Map}(N_1 \sqcup N_2, M)$ と，$\mathrm{Map}(N_1, M) \times \mathrm{Map}(N_2, M)$ の 1 対 1 対応を与えている。それぞれのカージナル数は $\mathfrak{m}^{n_1+n_2}$，$\mathfrak{m}^{n_1}\mathfrak{m}^{n_2}$ である。したがってこの 2 つのカージナル数は等しくなり，巾の規則が示された。

　ここでもう一度自然数の巾について 1 つの性質を思い出しておこう。巾という演算は，同じ数のかけ算をくりかえして行なっていくという演算であった。たとえば 2 の巾は

$$2^1 = 2, \quad 2^2 = 4, \quad 2^3 = 8, \quad 2^4 = 16, \cdots$$

と続いていく。自然数 n については $2^n = \overbrace{2 \times 2 \times \cdots \times 2}^{n}$ である。この巾の演算が四則演算と違うところは，私たちが決して見ることもないような大きな数をどんどん生んでいくということである。たとえば 2^{20} がすでに 100 万を越えて 7 桁の数 1048576 となるが，2^{100} は 31 桁の数，2^{1000} は 302 桁の数，2^{10000} は 3011 桁の数となる。2^n で n を大きくしていくと，大きくなっていくスピードはますます加速されて，猛スピードで自然数の無限の果てに向かって走り抜けていく。

　それではカージナル数へうつって，$2^{\aleph_0}$ は，$\aleph_0$ という無限の壁を突き破って，もっと大きなカージナル数へと達してしまうのではなかろうかという予想も湧いてくる。それに対する肯定的な答を一般的な立場から与えたものが 76 頁の定理であった。いまの場合は特に次の定理が成り立つ。

> **定理**　　$\aleph = 2^{\aleph_0}$　　　　　　　　　　　　　　　　　　　　　（*）

［証明］　カージナル数 $2^{\aleph_0}$ をもつ集合として
$$\mathrm{Map}(\boldsymbol{N}, \{0, 1\})$$
を考える．一方，カージナル数 $\aleph$ をもつ集合としては，$0 < x \leqq 1$ をみたす実数の集合 $(0, 1]$ を考えることにしよう．

証明のために，集合 $(0, 1]$ について3つの注意をしておく．

（ⅰ）$(0, 1]$ に属する実数は，無限2進小数として，たとえば
$$0.01011100101\cdots$$
のように表わすことができる．

（ⅱ）このような表わし方は，有限2進小数(すなわちあるところから先がずっと0が続いていく小数)のときに限って2通りある．たとえば
$$0.011100000\cdots$$
$$= 0.011099999\cdots$$

（ⅲ）有限2進小数の全体は，可算集合をつくっている(このことは有限2進小数は，有理数を表わしていることからわかる)．

そこでいま，$\varphi \in \mathrm{Map}(\boldsymbol{N}, \{0, 1\})$ に対して，2進小数
$$0.\varphi(1)\varphi(2)\varphi(3)\cdots$$
を対応させる．たとえば $\varphi(1)=1, \varphi(2)=0, \varphi(3)=0, \varphi(4)=1, \varphi(5)=0, \cdots$ に対しては
$$0.10010\cdots$$
を対応させる．

有限2進小数のつくる集合を A とすると，こうして $\mathrm{Map}(\boldsymbol{N}, \{0, 1\})$ から，$0 < x \leqq 1$ をみたす実数の集合 $(0, 1]$ への写像が得られた．しかしこの写像は，有限2進小数のところでは1対1になっていない．そのため有限小数のつくる集合を A として直和集合
$$(0, 1] \sqcup A$$

4章　無限のひろがり

を考える。そして $\mathrm{Map}(\boldsymbol{N}, \{0, 1\})$ の要素が，うしろに 0 がどこまでも続く有限小数を表わしているときは，それをそのまま A の有限小数に対応させることにする。

こうすることによって 1 対 1 写像
$$\mathrm{Map}(\boldsymbol{N}, \{0, 1\}) \longrightarrow [0, 1] \cup A$$
が得られた。$(0, 1] \cup A$ の濃度は $\aleph + \aleph_0 = \aleph$ である。これで（*）が証明された。 　　　　　　　　　　　　　　　　　　　　　　　（証明終り）

トピックス　平面の点・直線の点，偶数・奇数の集合，自然数の集合

（*）から少し妙な感じがすることが導かれてくる。偶数の集合と奇数の集合をあわせれば自然数の集合になる。これはカージナル数でかくと
$$\aleph_0 + \aleph_0 = \aleph_0$$
である。

いま，実数の濃度 $\aleph$ は $2^{\aleph_0}$ となることがわかった。したがって，カージナル数の巾の規則と上のことを使うと
$$\aleph \times \aleph = 2^{\aleph_0} \times 2^{\aleph_0} = 2^{\aleph_0 + \aleph_0} = 2^{\aleph_0}$$
$$= \aleph$$
となる。この等式の意味するものは，平面上の点の集合 $\boldsymbol{R} \times \boldsymbol{R}$ の濃度と $\boldsymbol{R}$ の濃度は等しいということにほかならない。このことを見出すのにカントルは 3 年の歳月を費したのである。

しかしいまは，カージナル数の巾の計算だけでこんなに簡単に求められるようになった。どうして平面の点の集合と直線の点の集合の大きさをくらべることが，カージナル数の巾の計算としてみると $\aleph_0 + \aleph_0 = \aleph_0$ から導かれ，偶数・奇数の集合と，自然数の集合の大きさをくらべることに帰着させられたのだろうか。数学がミステリアスなのだろうか。それとも無限がミステリアスなのだろうか。

3 カージナル数の大小

2つの集合 M と N があったとき，M の各要素に N のある要素を対応させる対応 φ を，M から N への写像という．写像 φ で M が N にうつされた先，すなわち N の部分集合

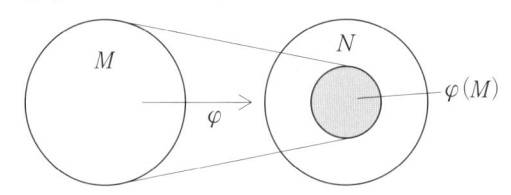

$$\{y \mid あるx \in M でy = \varphi(x)\}$$

を φ の像といい，$\varphi(M)$ で表わす．

特に $\varphi(M)=N$ のとき，φ を M から N の上へ(onto)の写像，または**全射**という．これに対し，単に M から N への写像のときには，M から N の中への写像といって，必ずしも全射とは限っていないことをはっきりさせることもある．

M から N への写像 φ が，$x, y \in M$ に対し

$$x \neq y \Longrightarrow \varphi(x) \neq \varphi(y)$$

をみたすとき，φ を1対1写像，または**単射**という．

M から N への写像が，全射で単射のとき，**全単射**という．M から N への全単射写像があるとき，M と N の濃度は等しく，$\mathfrak{m}=\mathfrak{n}$ となる．

これに対し，M から N への単射写像があるときには，M のカージナル数は N のカージナル数より大きくないといって

$$\mathfrak{m} \leqq \mathfrak{n}$$

と表わす．$\mathfrak{m} \leqq \mathfrak{n}$ で，$\mathfrak{m}$ と $\mathfrak{n}$ が等しくないときは $\mathfrak{m} < \mathfrak{n}$ と表わす．

もちろん
$$l \leqq m, \quad m \leqq n \implies l \leqq n$$
が成り立つ。

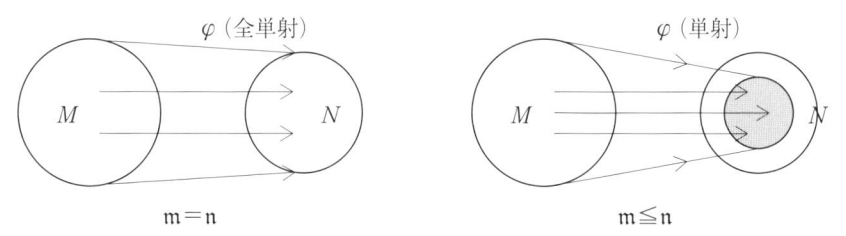

φ（全単射）　　　　　φ（単射）

M　　N　　　　　M　　N

$m = n$　　　　　$m \leqq n$

このとき「**カントル‐ベンディクソンの定理**」とよばれている次の定理が成り立つ。

定理 2つの集合 M と N があって
$$m \geqq n, \quad m \leqq n$$
が同時に成り立てば
$$m = n$$
である。

［証明］ M から N への単射写像を φ，N から M への単射写像を ψ とし，
$$M_1 = \psi(N), \quad M_2 = \psi(\varphi(M))$$
とおく（下の図を参照）。

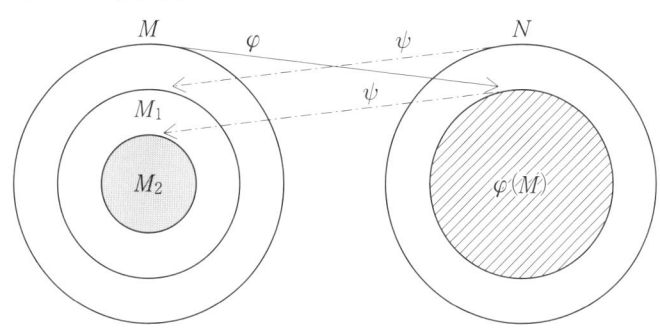

M　φ　ψ　N

M_1　ψ

M_2　　$\varphi(M)$

$M_1, M_2 \subset M$ で $N \supset \varphi(M)$ だから $M_1 \supset M_2$．また ψ は N から M_1 への

全単射，$\psi \circ \varphi$ は上の右の式より M から M_2 への全単射となる．

したがって
$$N \simeq M_1, \quad M \simeq M_2, \quad \text{また } M \supset M_1 \supset M_2$$
が成り立つ．ここで記号 $\simeq$ は全単射があること，すなわち濃度が等しいことを示している．

ここで
$$\Phi = \psi \circ \varphi$$
とおく．先に見たように Φ は M から M_2 への全単射となっている．

さらに
$$M_3 = \Phi(M_1), \ M_4 = \Phi(M_2), \ \cdots, \ M_{n+2} = \Phi(M_n), \cdots$$
とおくと，これらは M の部分集合で
$$M \supset M_1 \supset M_2 \supset \cdots \supset M_n \supset M_{n+1} \supset \cdots$$
となっている．

φ, ψ は全単射
$\Phi : M \simeq M_2$

φ, ψ は全単射
$\Phi : M_1 \simeq M_3$

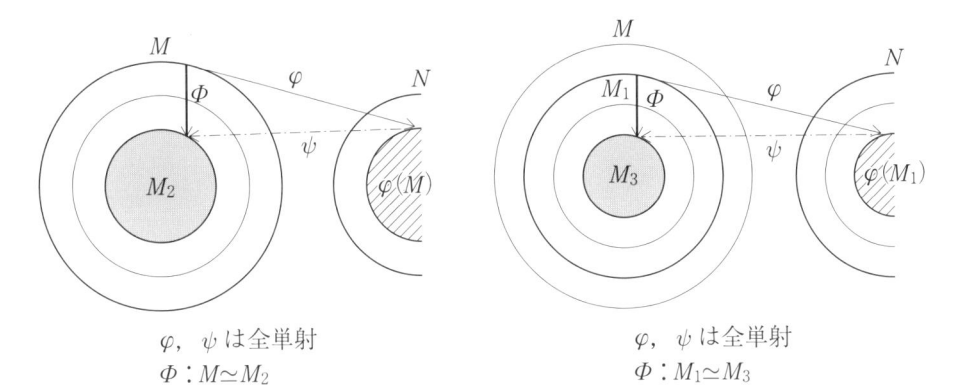

また Φ は M_n から M_{n+2} $(n=1, 2, \cdots)$ への全単射となっているので
$$\Phi : M \simeq M_2 \simeq M_4 \simeq \cdots \simeq M_{2n} \simeq \cdots$$
$$\Phi : M_1 \simeq M_3 \simeq M_5 \simeq \cdots \simeq M_{2n+1} \simeq \cdots$$
が成り立つ．

ここで
$$A = \bigcap_{n=1}^{\infty} M_n$$

4章　無限のひろがり

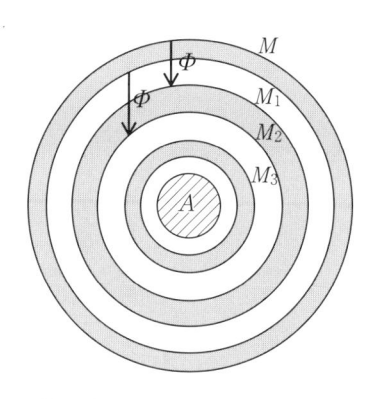

とおく。このとき図を見てもわかるように，M と M_1 は次のような部分集合の直和として表わされる。

$$M = (M-M_1) \sqcup (M_1-M_2) \sqcup (M_2-M_3) \sqcup \cdots \sqcup A$$
$$M_1 = (M_1-M_2) \sqcup (M_2-M_3) \sqcup (M_3-M_4) \sqcup \cdots \sqcup A$$

この分解を使って M から M_1 の写像 Ψ を定義する。

$$\Psi(x) = \begin{cases} \Phi(x), & x \in (M-M_1) \sqcup (M_2-M_3) \sqcup \cdots \text{(図のカゲの部分)} \\ x, & x \in (M_1-M_2) \sqcup (M_3-M_4) \sqcup \cdots \quad \text{(図の白い部分)} \\ x, & x \in A \quad\quad\quad\quad\quad\quad\quad\quad\quad\quad\quad\text{(図の斜線部分)} \end{cases}$$

この Ψ は M から M_1 への全単射を与えている。したがって

$$M \simeq M_1.$$

一方，ψ によって

$$N \simeq M_1$$

である。したがってこれから

$$M \simeq N$$

が得られ，$\mathfrak{m} = \mathfrak{n}$ が証明された。　　　　　　　　　　（証明終り）

なお，「カントル-ベンディクソンの定理」は，このように一度証明されてしまえば集合を離れて，単に濃度のあいだの関係として

$$\mathfrak{m} \geqq \mathfrak{n}, \quad \mathfrak{m} \geqq \mathfrak{n} \Longrightarrow \mathfrak{m} = \mathfrak{n}$$

と表わすことができる。

4 いろいろな集合

この節では,いろいろな集合の濃度を調べてみよう。このようなときには,集合 M の濃度というとき,M に付随した記号を使ったほうがよいので,$\bar{\bar{M}}$ によって M の濃度を表わすことにする。

(1) 自然数の集合 N に含まれる有限部分集合全体がつくる集合 A の濃度

A のなかで,n 個の自然数をとって得られる N の部分集合の全体を A_n と表わすと,
$$A = A_1 \sqcup A_2 \sqcup A_3 \sqcup \cdots \sqcup A_n \sqcup \cdots$$
となる。

もちろん,$\bar{\bar{A}}_n \geqq \aleph_0$ である。一方 A_n から $N^n = \overbrace{N \times N \times \cdots \times N}^{n}$ への単射
$$A_n \ni \{a_1, a_2, \cdots, a_n\} \longrightarrow (a_1, a_2 \cdots, a_n) \in N^n$$
がある(ここで $a_1 < a_2 < \cdots < a_n$ としてある)。N^n の濃度は $\aleph_0 \times \aleph_0 \times \cdots \times \aleph_0 = \aleph_0^n = \aleph_0$(4章2節)。したがって $\bar{\bar{A}}_n \leqq \aleph_0$. これから $\bar{\bar{A}}_n = \aleph_0$,
$$\begin{aligned}\bar{\bar{A}} &= \bar{\bar{A}}_1 + \bar{\bar{A}}_2 + \cdots + \bar{\bar{A}}_n + \cdots \\ &= \aleph_0 + \aleph_0 + \cdots + \aleph_0 + \cdots = \aleph_0 \times \aleph_0 = \aleph_0^2 = \aleph_0\end{aligned}$$
であることがわかる。

(2) 自然数の集合に含まれる可算部分集合がつくる集合 B の濃度

自然数の部分集合は,有限集合か,可算集合である。したがって有限部分集合の全体を A,可算部分集合の全体を B とすると,自然数の部分集合のつくる集合 $\mathcal{P}(N)$ は

$$\mathcal{P}(\boldsymbol{N}) = A \sqcup B$$

と表わされる。(1)から $\overline{\overline{A}} = \aleph_0$ であるが,一方 $\mathcal{P}(\boldsymbol{N})$ の濃度は $2^{\aleph_0} = \aleph$ である。したがって

$$\aleph = \aleph_0 + \overline{\overline{B}}$$

となる。しかし第4章2節で注意したように,一般に無限濃度 $\mathfrak{m}$ に対しては $\aleph_0 + \mathfrak{m} = \mathfrak{m}$ である。したがって

$$\overline{\overline{B}} = \aleph.$$

(3) 実数列全体のつくる集合 C の濃度

実数列 $x_1, x_2, \cdots, x_n, \cdots$ は,$\boldsymbol{R}^\infty = \boldsymbol{R} \times \boldsymbol{R} \times \cdots \times \boldsymbol{R} \times \cdots$ の点 $(x_1, x_2, \cdots, x_n, \cdots)$ を表わしていると考えられる。したがって集合 C の濃度は $\aleph \times \aleph \times \cdots \times \aleph \times \cdots = \aleph^{\aleph_0} = (2^{\aleph_0})^{\aleph_0} = 2^{\aleph_0^2} = 2^{\aleph_0} = \aleph$ となる。

(4) 数直線上で定義された連続関数のつくる集合 $C(\boldsymbol{R})$ の濃度

$\alpha \in \boldsymbol{R}$ に対して定数関数 $f_\alpha(x) = \alpha$ を対応させる対応は,$\boldsymbol{R}$ から $C(\boldsymbol{R})$ への単射写像となっている。したがってまず

$$\aleph \leqq \overline{\overline{C(\boldsymbol{R})}}$$

であることがわかる。

次に連続関数 $f(x)$ がとる値は,連続性によって,数直線上に稠密に分布している有理数の上でとる値が決まれば完全に決まる。有理数の集合は可算集合だから,有理数全体を $\{r_1, r_2, \cdots, r_n, \cdots\}$ と並べることができる。したがって連続関数 f に対し

$$(f(r_1), f(r_2), \cdots, f(r_n), \cdots)$$

を対応させる対応は1対1である。この対応は $C(\boldsymbol{R})$ から $\boldsymbol{R}^\infty$ への対応とみると単射となっているのである。$\overline{\overline{\boldsymbol{R}^\infty}} = \aleph^{\aleph_0} = \aleph$ に注意すると,これから

$$\overline{\overline{C(\boldsymbol{R})}} \leqq \aleph$$

がわかる。

したがって「カントル-ベンディクソンの定理」から $\overline{\overline{C(\boldsymbol{R})}} = \aleph$ となることがわかる。

(5) （ⅰ） 実数のなかの，有限集合全体のつくる集合 D の濃度
　　（ⅱ） 実数のなかの，可算集合全体のつくる集合 E の濃度
　　（ⅲ） 実数のなかの，濃度 $\aleph$ をもつ部分集合全体のつくる集合 F の濃度

（ⅰ） $\boldsymbol{R}$ の中の有限集合 $\{x_1, x_2, \cdots, x_n\}$ をとる。これは $x_1 < x_2 < \cdots < x_n$ のように並べられているとする。そうすると，各有限集合 $\{x_1, x_2, \cdots, x_n\}$ に対して，$\boldsymbol{R}^\infty$ の点
$$(x_1, x_2, \cdots, x_n, 0, 0, 0, \cdots)$$
を対応させることができる。これから
$$\overline{\overline{D}} \leqq \overline{\overline{\boldsymbol{R}^\infty}} = \aleph$$
がわかる。一方，$\overline{\overline{D}} \geqq \aleph$ は明らかだから，$\overline{\overline{D}} = \aleph$ となる。

（ⅱ） （ⅰ）と同じ考えで $\overline{\overline{E}} = \aleph$ がわかる。

（ⅲ） $\boldsymbol{R}$ の部分集合全体のつくる集合 $\mathcal{P}(\boldsymbol{R})$ の濃度は $2^\aleph$ である。したがって
$$\overline{\overline{F}} \leqq 2^\aleph$$
であることがわかる。

いま $\boldsymbol{R}^+ = \{x \mid x \in \boldsymbol{R}, x > 0\}$ とおく。明らかに $\boldsymbol{R}$ と $\boldsymbol{R}^+$ のあいだには 1 対 1 の対応がある。したがってまた，$\mathcal{P}(\boldsymbol{R})$ と $\mathcal{P}(\boldsymbol{R}^+)$ とのあいだに 1 対 1 の対応がある。これから $\mathcal{P}(\boldsymbol{R}^+)$ の濃度は $2^\aleph$. $A \in \mathcal{P}(\boldsymbol{R}^+)$ に対して
$$(-1, 0) \cup A \in \mathcal{P}(\boldsymbol{R})$$
を対応させると，$(-1, 0) \cup A$ は濃度 $\aleph$ の $\boldsymbol{R}$ の部分集合だから，これは F の要素である。したがって A に $(-1, 0) \cup A$ を対応させる対応は，$\mathcal{P}(\boldsymbol{R}^+)$ から F への単射となっている。したがって
$$2^\aleph \leqq \overline{\overline{F}}.$$

上のことと併せて

4章　無限のひろがり

$$\bar{\bar{F}} = 2^{\aleph}.$$

(6) 実数の上で定義されたすべての実数値関数（連続，不連続を含めて）の集合の濃度

これは $\boldsymbol{R}$ から $\boldsymbol{R}$ への写像全体のつくる集合 $\mathrm{Map}(\boldsymbol{R}, \boldsymbol{R})$ の濃度であり，それは

$$\aleph^{\aleph} = 2^{\aleph_0 \aleph} = 2^{\aleph}$$

となる。すなわち実数の部分集合全体のつくる集合の濃度に等しい。

5章 無限を並べる

　ふつうの場合，概念があっても，その概念に含まれるひとつひとつのものを取り出して並べるなどということはできないことである。たとえば水の分子という概念があっても，水の分子を並べることなどできないことである。数学は抽象的な学問であるといわれるが，単に概念を抽象化しただけではなく，概念に含まれるひとつひとつのものもはっきりと取り出して抽象した。それはカントルの考えでは，集合と要素という2元的な考えとなる。この要素を1つずつとって順に並べていくことができるということが，集合概念の形成となっているに違いない。それが整列集合の考えを生むことになった。しかし有限集合の並べ方はある意味で一通りで，それは1番目，2番目として示されるが，無限集合になると本質的に違う並べ方が生じてくる。たとえば自然数の集合を，先に奇数から数え，次に偶数から数えることにすると，無限系列が2つ並んで数えられることになる。このような無限集合の並び方を表わす数を，カントルは超限数（ここでは順序数という）とよんだ。しかし集合の要素の並び方を順序数として示すためには，あるところまで並んだとき，次にとる要素は何かが指示されていなくてはならないだろう。カントルは，そのためまず整列集合という考えを導入し，この整列集合に対しては1つの順序数が対応するとした。この章では，整列集合と順序数の概念と，順序数の大小関係，演算などについて述べる。

1 並べる

　カントルの集合論の考えは，前にも述べたように，ひとつの概念が私たちの前に提示されているということは，概念の総体と，概念を構成する個々のものが，はっきりと認識できるということである，という前提の上で成り立っている。それが抽象化されて集合と要素という数学の対象を生むことになった。しかしそこには，たとえば実数はひとつひとつがはっきりと認識できるようなものではないという，クロネッカーの強い異論もあった。これに対してはカントルのほうからいえば，それでは実数という概念の意味するものは何か，と問うことになったろう。

　しかしいずれにせよ，カントルの集合論では，集合があり，要素がある。この要素を並べ数えていくことは，今度はそこに新しい数の概念を生む契機を見出すことができるかもしれない。

　まず有限集合のときには，リンゴ2つ，みかん3つが袋のなかに入っているとき，ひとつひとつ取り出して順に並べるのに，取り出した順で，(a)のように並べることもあるし，

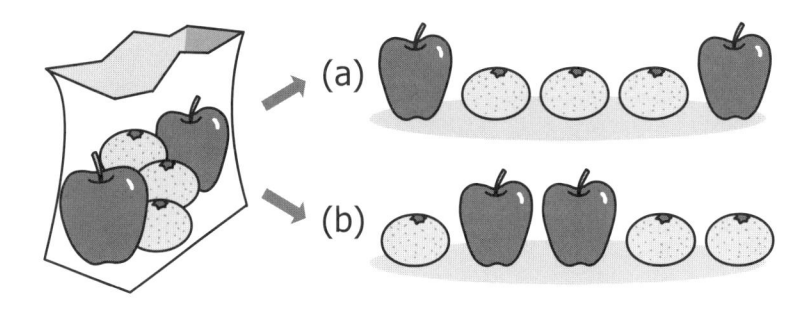

(b)のように並べることもある。しかしそこには本質的な違いは何もない

と考えている．どう並べようが中味には何も関係ない．要するに，'5つ
のものを並べた'のであって，それは抽象的に5という数で表わされる．

　有限個のもののときには，いわばどこから取り出して並べてみても，同
じことだと考えてよいのである．

　こんな当たり前の話から何がはじまるのだろう，と思われるかもしれな
い．実はこの単純なことが，有限から無限へと移るとガラリと景色をかえ
てくるのである．

　無限のリンゴやみかんをかくわけにはいかないので，例として，自然数
が袋に詰められた状況を想像することにしよう．このときこの袋のなかか
ら自然数を順に取り出して並べようとすると，そこには本質的に違う多く
の並べ方が生じてくる．

　そのいくつかをかいてみよう．

(i) 　　$1, 2, 3, 4, \cdots, n, \cdots$

(ii) 　　$2, 3, 4, 5, \cdots, n, \cdots, 1$

(iii) 　　$3, 4, 5, \cdots, n, \cdots, 1, 2$

(iv) 　　$n+1, n+2, \cdots, 1, 2, \cdots, n$

(v) 　　$2, 4, 6, 8, \cdots, 1, 3, 5, 7, \cdots$

(vi) 　　$\underbrace{1, 2, 4, 6, \cdots,}_{2の倍数}\ \underbrace{3, 9, 15, \cdots,}_{\substack{3の倍数で\\2の倍数ではない}}\ \underbrace{5, 25, 35, \cdots,}_{\substack{5の倍数で\\2と3の倍数ではない}}\ \cdots$

これらは本質的に違う並べ方である．

ⅰ) はふつうの自然数の並べ方となっている．この並べ方を ω と表わす
　　ことにしよう．

ⅱ) は，並べ方だけに注目すれば，ω 型の先にもう1つ続いている．

ⅲ) は，ω 型の先にもう2つ続いている．

ⅳ) は，ω 型の先にもう n 個続いている．

ⅴ) は，ω 型の先に，もう1つ ω 型の並びが続いている．

5章　無限を並べる

ⅵ)は，ω型の先に，ω型，ω型，…と，ω型の並びがどこまで続いていく。

たとえば，自然数 $1, 2, 3, \ldots$ という標準的な並び ω を 1 から 2 へ，2 から 3 へとバトン・タッチさせてグランドを一周するようなリレー競技にたとえてみると，ⅵ)の並べ方は，同じグランドを無限回まわって，はじめてリレーが終わるような競技にたとえられるだろう。

それではⅵ)のような並べ方までできて，これ以上，自然数をさらに続けて並べていくような並べ方は，もうないのだろうか．実はそうではないのである．

たとえば素数の系列
$$2, 3, 5, 7, 11, 13, 17, 19, 23, \ldots$$
を1つおきにとって，2つの系列
$$2, 5, 11, 17, 23, \ldots ; 3, 7, 13, 19, \ldots$$
に分け，それぞれに対してⅵ)のような系列をつくると，ⅵ)の系列の果てに，また同じような系列が続いていくことになる．

このようなことを見ていくと，よく知っていたと思っていた自然数の無限さえ，広漠とした砂漠の果てに，また新しい砂漠が続いていくように見えてくる．**カントルという孤独な旅人**はこうしたところに足を踏み入れてしまい，どこまでも**果てしない旅を続け**ていくことになったのであろう．

有限集合のときは，要素の数を数える**基数** one, two, three, …と順序を決めて並べていく仕方を示す**序数** 1st, 2nd, 3rd, …があるが，これは抽象的な自然数の体系のなかでごく自然に融和されて，私たちは自然数といってもふつうは有限個のものだけを対象としているのだから，いずれの場合でも，いち，に，さん，と数えている．

カントルは，自然数をまず無限の集まりと見て，これを総括してみよう

と考えたとき，すでに自然数の全体を見下ろすような地点に立ってしまったのかもしれない．このとき自然数の存在と，自然数の無限が生成されていく多様なプロセスとのあいだには本質的な違いがあると直観したのだろう．カントルは，ω型の並びというものを取り出したとき，すでに**無限というもののもつ真の姿**を見てしまったのかもしれない．しかし，自然数は神が創られた完全な存在と見るクロネッカーの見方に立てば，自然数のうしろに，私たちの並べ方によっては，いくらでも異なる無限像が広がってくるというようなことは，絶対に認めがたいものであったろう．

　自然数のなかにあった2つの数の概念，基数と序数のうち，一般の無限集合へ移ったとき，基数はカージナル数となった．カントルは序数の考えを無限集合に適用したとき得られる拡張された数の概念を**超限数**(transfinite number)とよんだ．しかし現在は，超限数を**順序数**(ordinal number)というようになったので，ここでも順序数ということにする．

　先に述べたωは1つの順序数である．順序数は単に無限集合の存在だけで決まるものではなく，無限集合が生成されていく順序によって決まってくる．このような無限集合に付与される順序の考えとはどのようなものか．自然数だけではなく，実数や，さらに濃度の高い集合のなかにも，このような無限生成の原理を見ることはできるのだろうか．集合論は次第に深い謎に包みこまれるようになってきた．このことが次の節からのテーマとなる．

　なお，先のi)からvi)までで示された自然数が構成されていく順序は，順序数を用いると，順に

　　　　i)〜v)　　　　$\omega,\ \ \omega+1,\ \ \omega+2,\ \ \omega+n,\ \ \omega+\omega=\omega 2$
　　　　vi)　　　　　　$\omega+\omega+\cdots+\omega+\cdots=\omega^2$

と表わされる．

トピックス　順序数とカントル

　カントル自身は，ここで述べた順序数を，自然数をはじめて無限の領域にまで広げたものとして，彼の数学の核心においていた。濃度は集合の存在にかかわるが，順序数は集合の生成にかかわっている。

　上で見たように，ω^2 も考えられるならば，ω^3，ω^4 も考えられるだろう。そうすれば

$$\omega^2 5 + \omega 2 + 6$$

のような順序数も登場してくることになる。これは ω^2 タイプの並びが5つ続いて，そのあとに ω タイプの並びが2つ続き，最後に6つ自然数が並んでいることを示している。これは10進法の $5 \times 10^2 + 2 \times 10 + 6$ と類似した表わし方になっている。

　カントルは，順序数は，自然数の先にある無限を数としてとらえ，表わすものと思っていた。カントルは1883年にライプツィヒから，

Grundlagen der allgemeinen Mannigfaltigkeitslehre

（一般の多様なるもの［集合］の基礎）

という小冊子を刊行したが，この最初の部分で次のようにかいている。

　「これは冒険的な試みとみえるかもしれない。しかし私はここではっきりと述べたいのだが，これは私の単なる希望ではなく，次のような私の強い確信によるのである。やがてこれはもっとも適当な，そしてもっとも自然な数概念の拡張と考えられることになるだろう。しかし私のこの試みが，数学の無限について広く認められている見解と，また数の本性は守らなければならないという考えと対立する場所にあること，そしてそこに私を立たせていることはよく知っている」

2 順序集合と整列集合

これからは順序という考えが基本となる。

> 集合 M に, 2つの要素のあいだの関係 $\leqq$ が与えられていて, 次の3つの性質
>
> $$x \leqq x$$
> $$x \leqq y, \quad y \leqq x \implies x = y$$
> $$x \leqq y, \quad y \leqq z \implies x \leqq z$$
>
> が成り立つとき, この関係を**順序**という。そして順序の与えられた集合を**順序集合**という。

（注意） この定義では, どの2つの要素をもってきても順序関係は, 必ずあるということは要求していない。たとえば集合 M の部分集合のつくる集合 $\mathcal{P}(M)$ を考え, ここに順序関係を $A \subset B$ のとき $A \leqq B$ とするとして約束すると, これは順序集合になるが, 図のような C, D に対しては順序関係はないことになる。

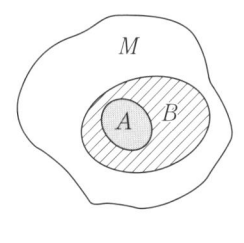

$A \subset B$

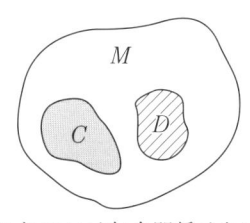

C と D には包含関係はない

順序集合の2つの要素 x, y に対して, $x \neq y$, $x \leqq y$ が成り立つときには

$x < y$ と表わす。

順序集合 M がさらに次の条件:

> どんな $x, y \in M$ をとっても，$x = y$ か，$x < y$ か，$y < x$ のいずれかをみたすとき，M を**全順序集合**という。

先にみたように，部分集合の集合は全順序集合ではない。

アルファベットは，a から z までを，この順でたとえば $b < d$ のように大小関係を決めておくと全順序集合となるが，これからさらに語の全体が，'辞書的順序' で全順序集合となる。実際私たちは

$$book < boots < card < carpet$$

のように語を配列して，辞書を引いている。

実数の集合は，大小関係でもちろん全順序集合となる。

したがって座標平面上にある点全体の集合も，2点 $P = (x_1, y_1)$, $Q = (x_2, y_2)$ の順序関係を辞書的に

$$P < Q \iff x_1 < x_2 \text{ か，} x_1 = x_2 \text{ で } y_1 < y_2$$

と決めることにより全順序集合となる。もちろんこの順序では

$$(1, 1000) < (2, 0) < (3, -1000)$$

となっており，平面上の点の近さの感じとはかけ離れたものになっている。

トピックス　全順序集合をめぐって

全順序集合とは，いってみればその集合のどの2つをとってもいつでも大小関係を比較できるものである。しかし具体的に集合が与えられたとき，そこに何か大小関係を与えて全順序集合とすることは一般には難しい。たとえば，コップのなかに入っている水の分子の集合に全順序となるように順序関係がつけられたとすれば，その順序にしたがって分子を1列に並べることができることになるが，それは空想しただけでも不可能に近いことである。

2つの順序集合 L, M と，L から M の上のへ1対1対応 φ があって，φ が順序を保つとき，すなわち $x, y \in L$ に対し
$$x \leqq y \implies \varphi(x) \leqq \varphi(y)$$
が成り立つとき，L と M は**同型な順序集合**という。

L と M が同型な順序集合のことを，$L \simeq M$ で表わす。

M を順序集合とし，S をその部分集合とする。S の要素 a で，$x < a$ となるような S の要素 x が存在しないとき，a を S の**極小元**という。

次の定義は，カントル自身が集合論にとってもっとも基本的な定義であるといっているものである。

> 全順序集合 M で，M のどんな空でない部分集合をとっても，必ず極小元をもつとき，M を**整列集合**という。

M は全順序集合だから，極小元はただ1つに限ることを注意しておこう。

この定義を見ただけでは，整列集合といっても何のことかすぐにはわかりにくいかもしれない。もう少し定義の内容に踏みこんでみよう。

いま整列集合 M が1つ与えられたとしよう。M は空集合ではないとする。そうすると定義にある極小元の存在を M 自身に適用してみると，M の極小元 a_1 があることがわかる。a_1 は M のなかのどの元よりも小さい元——最小元——となっている。もし $M = \{a_1\}$ でなければ，$M - \{a_1\}$ も極小元をもつ。それを a_2 とする。$M = \{a_1, a_2\}$ でなければ $M - \{a_1, a_2\}$ の極小元を a_3 とする。M が有限集合ならばこの操作は有限回で終わるが，M が有限集合でなければ，M の可算部分集合 $\{a_1, a_2, \cdots, a_n, \cdots\}$ が得られる。もし $M \neq \{a_1, a_2, \cdots, a_n, \cdots\}$ でなければ，$M - \{a_1, a_2, \cdots, a_n, \cdots\}$ の極小元を a_ω とすると，さらに M の部分集合 $\{a_1, a_2, \cdots, a_n, \cdots, a_\omega\}$ が得られる。

このようにして M のなかに

$$a_1 < a_2 < a_3 < \cdots < a_n < \cdots < a_\omega < \cdots$$

という全順序集合の系列が得られてくる。

　すなわち整列集合は，その定義のなかに，M の要素を1つずつ取り出し，順に並べていくことができるという性質を内蔵しているのである。

　'並べる'という操作を，整列集合という概念のなかに包みこんだことに，カントルの概念構成に対する天才的な直視力とでもいうべきものが示されているようにみえる。無限集合を，いかに数えて並べていくかということは，整列集合をどのように調べていくかという，集合論の問題へと変わったのである。

　私たちがふつう数学で出会う無限集合は，自然数や，偶数のような集合以外は，ほとんど整列集合となっていない。整数の集合は整列集合ではない。なぜならこの集合全体の極小元というものはないからである。正の有理数の集合も整列集合ではない。なぜなら，たとえば $\frac{2}{3}$ より大きい有理数の全体

$$S = \left\{ x \mid x > \frac{2}{3} \right\}$$

をとると，S のなかには $\frac{2}{3}$ にいくらでも近い有理数 $\frac{2}{3} + \frac{1}{10^n}$ があって，S には極小元がないからである。正の実数の集合も同じように考えると整列集合でないことがわかる。

　こうしてみると，私たちがすぐに思いつく無限集合は，自然数の集合以外，ほとんどすべて整列集合ではないことになる。整列集合の考えは，既成の数学の概念などほとんど無視して，カントルが自然数の生成原理だけに注目して無限に向かって確実に歩み出したことを意味している。

　カントルと激しく対立していたクロネッカーは，「**自然数は神の創り給いしもの**」といって自然数の存在だけは信じていた。同じ言葉は，あるいはカントルも述べることができたのかもしれない。クロネッカーは，この神の創造物のなかにのみ確かな数の実在を見たが，カントルは同じ神

の創造物のなかに，**開かれた無限に向けての生成の動き**を感じとっていたのかもしれない。

2つの整列集合 M, N に対し，M から N の上への1対1対応 φ があって
$$x \leqq y \implies \varphi(x) \leqq \varphi(y)$$
が成り立つとき，φ を M から N への**同型対応**という。

自然数では，ある命題がすべての自然数で成り立つことを示すとき，数学的帰納法が有効に使われる。それは自然数 n に対する命題 $P(n)$ があったとき，

ⅰ) $P(1)$ は成り立つ。

ⅱ) $P(n)$ が成り立てば，$P(n+1)$ も成り立つ。

この2つを確かめれば，すべての自然数 n に対して命題 $P(n)$ が成り立つ

ことをいう。

整列集合でもこの帰納法の原理が成り立つことになった。それを超限帰納法といって，次のように述べられる。

【**超限帰納法**】 M を整列集合とする。M の要素について次の条件をみたす性質 P が与えられているとする。

'$x \in M$ に対して，$y < x$ となるすべての y に対して性質 P が成り立てば，x でも P が成り立つ'。

このとき M のすべての要素に対し，性質 P が成り立つ。

（注意） 自然数のときの数学的帰納法では，出発点の1のところで性質 $P(1)$ が成り立つことを仮定しているのに，ここではその仮定がないことを不審に思われるかもしれない。しかしこの超限帰納法の述べ方では，$x=1$

5章 無限を並べる

のとき $y<1$ となる y は空集合なので，そこでは性質Pが成り立つ，成り立たないは'空'のことになっている。このときには $x=1$ のときには成り立っていると読むのである。

整列集合について，この超限帰納法が成り立つことは次のようにして示される。

[証明] M の要素 x で性質Pをみたさないものが存在すると仮定して，矛盾が生ずることをみるとよい。性質Pをみたさないような要素 x の全体がつくる M の部分集合を S とすると，この仮定から，$S \neq \emptyset$. したがって S に極小元 x_0 が存在する。$y<x_0$ となるような y に対しては性質Pは成り立っている。したがって超限帰納法の仮定から x_0 に対しても，性質Pは成り立っていなくてはならない。$x_0 \in S$ だったから，これは矛盾である。
(証明終り)

整列集合のイメージが少しずつ浮かび上がってきた。カントルが整列集合の概念のなかでとらえようとしたものは，どこまでも一歩，一歩進み続けていけば，究極的には最後に完成する無限集合の姿であった。自然数と実数の集合からスタートしたカントルがついにとらえた無限とは，漠然としたイメージのなかでとらえられる総体ではなく，それ自身のなかに生成する力をもつ存在であった。

整列集合を一歩，一歩進んでいったとき，どこまでたどりついたか。それを整列集合の概念のなかでとらえると，次の切片の定義に盛りこまれてくることになるのだろう。

M を整列集合とする。$a \in M$ に対して
$$M\langle a \rangle = \{x \mid x<a\}$$
とおいて，a による M の**切片**という。

> **定理***　M, N を 2 つの整列集合とする．このとき次の 3 つの場合の，どれか 1 つ，そして実際ただ 1 つの場合だけが起きる．
> （ⅰ）　$M \simeq N$. すなわち M と N は順序集合として同型である．
> （ⅱ）　ある $a_0 \in M$ をとると
> $$M\langle a_0 \rangle \simeq N.$$
> （ⅲ）　ある $b_0 \in N$ をとると
> $$M \simeq N\langle b_0 \rangle.$$
>
> （ⅰ）　　　　　　　　　　（ⅱ）
>
> 　　　　　　　　（ⅲ）

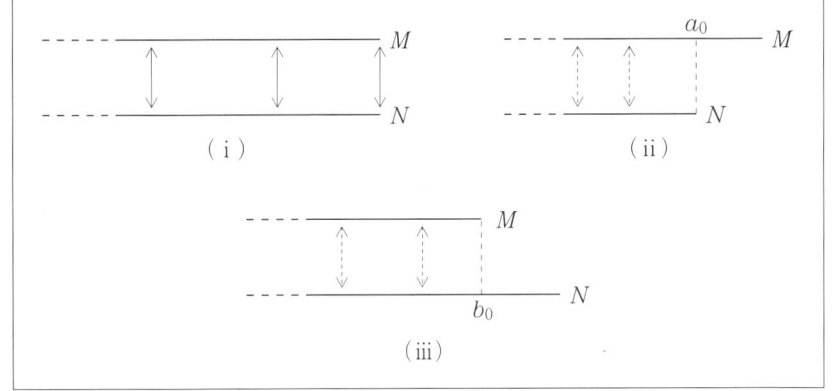

　この定理は 2 つの整列集合があれば，それはまったく独立というわけではなく，互いに比較することができることを示している．そのことによって，整列集合から，'数' の概念が抽出されてくるのである．

　2 つの整列集合 M, N が，順序集合として同型のとき M, N は同じ順序数をもつという（カントルは超限数といった）．

　M, N の順序数を μ, ν と表わすとき，μ, ν の大小関係を上の定理によって導入することができる．定理の（ⅰ）の場合は $\mu = \nu$ となるが，（ⅱ）の場合は
$$\mu > \nu$$
ⅲ）の場合は

---

*（注）　この定理の証明は，ここでは省略する．志賀『集合への 30 講』(朝倉書店) 23 講参照．

5 章　無限を並べる

$$\mu < \nu$$

として，順序数のあいだに大小関係を導入する。このとき上の定理は，2つの順序数 μ, ν に対して $\mu = \nu$ か，$\mu > \nu$ か，$\mu < \nu$ のどれか1つの場合だけが起きることを示している。したがって順序数の集合はつねに全順序集合をつくっている。

自然数 $\{1, 2, \cdots, n\}$ はふつうの大小関係で順序数 n をもつといい，また同じ大小関係で自然数全体のつくる整列集合 $\{1, 2, 3, \cdots, n, \cdots\}$ は順序数 ω をもつという。

ちょっとひといき 自然数では，基数も序数も区別しないで $1, 2, 3, \cdots, n, \cdots$ と表わしている。しかし無限集合になると，'数える'ことと，'並べる'こととは本質的に異なってくる。含まれている要素を'数える'ほうは濃度の概念となってカージナル数として表わされるが，'並べる'ほうは整列集合の概念となって順序数として表わされることになる。

3 順序数の演算

順序数のあいだに，たし算とかけ算を定義することができる。

たし算

2つの順序数 μ, ν に対してたし算

$$\mu + \nu$$

を次のように定義する。

> 順序数 μ をもつ整列集合を M，順序数 ν をもつ整列集合を N とする。このとき直和集合 $M \sqcup N$ に順序を次のように入れる。

> M, N の上では,すでに与えられている順序,また $x \in M, y \in N$ のときは $x < y$ と決める。この順序で $M \sqcup N$ が整列集合となることはすぐに確かめられる。この整列集合の順序数を $\mu + \nu$ と表わす。

自然数 $\{1, 2, 3, \cdots, n, \cdots\}$ の順序数は ω で表わした。このとき

$$\{1, 2, 3, \cdots, n, \cdots, 1\} \quad (順序は 1 < 2 < \cdots < n < \cdots < 1)$$

の順序数は $\omega + 1$ であり,ω の次にくる順序数である。一方,この最後につけた1を一番前にもってきて

$$\{1, 1, 2, 3, \cdots n, \cdots\}$$

とすると,この順序数は $1 + \omega$ であるが,明らかに

$$1 + \omega = \omega$$

となっている。したがって

$$\omega + 1 \neq 1 + \omega$$

である。

このことから,無限集合を対象とすると,一般に順序数の和 $\alpha + \beta$ と $\beta + \alpha$ は必ずしも等しいとはいえなくなってくる。

また

$$\left\{0, \frac{1}{2}, \frac{2}{3}, \cdots, \frac{n-1}{n}, \cdots, 1, 1 + \frac{1}{2}, 1 + \frac{2}{3}\right\} \quad (順序は左から右へ)$$

の順序数は,整列集合 $\left\{0, \frac{1}{2}, \frac{2}{3}, \cdots\right\}$ と $\left\{1, 1 + \frac{1}{2}, 1 + \frac{2}{3}\right\}$ の和だから $\omega + 3$ である。

かけ算

> まず2つの整列集合 M と N に対して,直積集合
> $$M \times N = \{(x, y) \mid x \in M, \quad y \in N\}$$

に対して，N の要素を語頭，M の要素を語尾とする辞書的順序を入れる。すなわち

$$(x,y) < (x',y') \iff \begin{array}{l} y < y' \text{ か} \\ y = y' \text{ で } x < x' \end{array}$$

まずこの順序で，実際 $M \times N$ が整列集合となることを確かめておこう。$S \subset M \times N$ で，$S \neq \emptyset$ とする。$\pi : M \times N \to N$ を第 2 成分の射影，すなわち $\pi(x,y) = y$ とし，$S_N = \pi(S)$ とおく。$S \neq \emptyset$ により，$S_N \neq \emptyset$. したがって S_N は N の部分集合として極小元 y_0 をもっている。つぎに M の部分集合 $\{x \mid (x, y_0) \in S\}$ の極小元を x_0 とする。このとき (x_0, y_0) は $M \times N$ のなかでの S の極小元を与えている。

この整列集合 $M \times N$ の順序数を $\mu\nu$ と表わすことにする。

たとえば $\omega 2$ は，$M = \{1, 2, \cdots, n, \cdots\}$ と $N = \{1, 2\}$ の直積集合

$$M \times N = \{(m, 1), (m, 2) \mid m = 1, 2, \cdots\}$$

のつくる整列集合の順序数である。語順として，まず 1 が語頭にあるもの

$$(1, 1), (2, 1), (3, 1), \cdots$$

が並び，次に 2 が語頭にくる

$$(1, 2), (2, 2), (3, 2), \cdots$$

が並ぶ。この並び方は

$$\{1, 2, 3, \cdots, n, \cdots, 1, 2, 3, \cdots, n, \cdots\}$$

に等しい。したがって

$$\omega 2 = \omega + \omega$$

である。

一方，2ω のほうは

$$M = \{1, 2\} \quad \text{と} \quad N = \{1, 2, 3, 4, \cdots\}$$

で $M \times N$ の並びは

$$(1, 1), (2, 1), (1, 2), (2, 2), (1, 3), (2, 3), (1, 4) \cdots$$

となるから，この順序数は ω で，したがって
$$2\omega = \omega$$
となる。

$\omega \times \omega$ は ω^2 ともかくが，このような順序数をもつ整列集合としては次のものがある。

$$\left\{ 0, \frac{1}{2}, \frac{2}{3}, \cdots, \frac{n-1}{n}, \cdots, 1, 1+\frac{1}{2}, 1+\frac{2}{3}, \cdots, 1+\frac{n-1}{n}, \cdots, \cdots\cdots, \right.$$
$$\left. m, m+\frac{1}{2}, m+\frac{2}{3}, \cdots, m+\frac{n-1}{n}, \cdots \right\}$$

同じように $\omega^3, \omega^4, \cdots, \omega^\omega$ などの順序数も構成されてくるが，これらはすべて可算集合のある整列タイプを表わしている。

順序数の大小関係は前節で定義した。2つの順序数 μ, ν に対して，$\mu > \nu$ とは，順序数 μ, ν をもつ順序集合をそれぞれ M, N とするとき，ある $a_0 \in M$ があって $M\langle a_0 \rangle \simeq N$ が成り立つときである。

この条件は，順序数の和をつかうと次のようにも述べることができる。

$\mu > \nu$ となるための条件は，適当な順序数 λ をとると，$\mu = \nu + \lambda$ と表わされることである。

実際，μ は M の順序数，ν は $M\langle a_0 \rangle$ の順序数としたとき，このような λ は整列集合

$$L = \{ x \mid x \in M, \ a_0 \leqq x \}$$

の順序数として与えられている。

このようなことは，たぶんしだいに当たり前のことのように感じられてきているのではなかろうか。実際は整列集合は果てしないような彼方まで歩み続けていく。しかし私たちはそのような無限に思いをめぐらすこともなく整列集合をみるようになってきている。整列集合という概念のなかに，無限は姿を隠してしまったようである。これこそカントルが，自分の数学の立場としていた，概念というものがもたらす不思議な力を示すものであ

るといってよいかもしれない。

　しかし，カントルはさらに大胆に進んでいった。カントルは，無限そのものが，整列集合の概念によってとらえられるのではないかと考えた。どんな無限も，整列集合として並べられるのではないか？　これは次の章の主題となる。

6章
無限をとらえる視点
——選択公理

　最初に集合が与えられたとき，それを整列させて，その集合が順に生成されていく道をたどっていくことができるのだろうか。空想上のことだが，コンサートの会場の外に無限に聴衆が集まって開場を待っているとき，どうやってそれを順序よく1列に並べて，1人ずつ入口から入れることができるだろうか。数学の話に戻すと，もしこの聴衆が実数の集合だったらどうするだろう。数直線上の点をばらして，それを1つずつ並べるということが，抽象的な世界では考えられるのだろうか。整列集合になれば，要素の並びは順序数として表わされる。カントル自身は，どんな集合も整列できるということは示せなかった。

　実は数学がこのように無限を取り扱うとき，最初に公理の設定が必要であったのである。無限に対してこのような公理が必要であることは，すでに「平行線の公理」でも見ることができる。2本の直線が無限の先まで延ばしても決して交わらないという性質は，公理によって保証されることである。無限集合が整列可能かどうかという問いに対しては，「選択公理」というものをまず認めることが必要であった。それは1905年にツェルメロによって提起された。選択公理，あるいはそれと同値な公理は，無限という茫漠とした対象を，数学から見る視線の方向をはっきりと決めるものであった。選択公理にはいろいろなヴァリエーションがある。実は「整列可能定理」と選択公理は同値なのである。

　この章では，選択公理を中心において，これと同値な公理について述べ，そこにさまざまな無限の姿を見ることにする。

1 無限を整列させることはできるか

　カントルは，思索が深まっていくなかで，しだいにはっきりと見えてきた'無限という存在'にどのように対峙していたのだろうか。そのようなことを考えるのは，カントルが次のことを予想していたからである。

> **【カントルの大予想】**
> 　どんな集合も，適当に順序をいれて，整列集合とできる。

　もしこの予想が正しければ，単に実数の集合 $\boldsymbol{R}$ だけではなく，$\boldsymbol{R}$ の部分集合のつくる集合 $\mathcal{P}(\boldsymbol{R})$，さらにまた $\mathcal{P}(\mathcal{P}(\boldsymbol{R}))$ なども，$1, 2, 3, \cdots, \omega, \cdots, \omega^2, \cdots$ と果てしなく続く順序数の系列として表わされることになる。このように無限集合を整列させていくことなど，私たちに許されることなのか。

　しかし，カントルは無限を単なる抽象的な概念としてまずとらえてしまって，それからそれを数学のなかでは確かな存在とみるような立場など認めがたいことだったのかもしれない。実際，数学が自然数の存在を認めているのは，自然数のなかにある帰納的な生成原理によっている。数学のなかで対象となるそれぞれの無限も，そのなかに生成する原理をもつことによって，その存在を完結した姿としてみずから示しているのではなかろうか。

　そのようにみれば，カントルの予想は，集合論では単なる無限概念ではなく，整列可能となる集合と，そこに現われる無限の性質こそが，集合論

の対象となるものであるという,「集合論の独立宣言」としてよむことができるとも考えられる。カントルは,あるいは上の予想の成立こそ,集合論の出発点となるものであると考えていたのかもしれない。

しかしカントル自身はこのことを証明することはできなかった。このカントルの大予想を引用の必要もあって,これから「整列可能定理」とよぶことにする。しかしもしこの予想が正しければ,カントルが数直線上に並ぶ実数に向かって,「1列に並んで整列集合をつくれ」と号令をかけると,実数は1つ1つがばらばらになって,実数はそれぞれ自分の前後の場所をはっきり見定めて,整列集合をつくっていくことになる。この整列集合がどこまでも続いていく先を想像することなどできるだろうか。連続関数全体のつくる集合を考えれば,連続関数が一列に整然と並べられることになる。

こんな夢のようなことが数学の問題となるのだろうか。カントルがこの定理の可能性を信ずれば信ずるほど,当時の数学界からはカントルの思想は異端視され,拒絶されることになったのだろうと思われる。

この定理には私たちの思考の論理を越えているところがある。この定理を示すためには,もしそのようないい方が許されるならば,無限を超越した'神の手'の助けが必要となるだろう。この'神の手'は,ツェルメロによって,**選択公理**として定式化された。それはそれまでの数学者が見たこともなかったような公理であった。

まずこの選択公理(Axiom of choice)から述べていくことにしよう。

Γ を空でない集合とする。Γ の各要素 γ に対してある集合 A_γ が対応しているとき,この A_γ の全体を Γ を添数とする集合族といって,$\{A_\gamma\}_{\gamma \in \Gamma}$ と表わすことにする。

これからは,各 $A_\gamma \neq \emptyset$ であるような集合族 $\{A_\gamma\}_{\gamma \in \Gamma}$ を考える。

このとき Γ の各要素 γ に対し,A_γ の1つの要素を対応させる対応 $\varphi(\gamma) \in A_\gamma$ を,集合族 $\{A_\gamma\}_{\gamma \in \Gamma}$ の**選択関数**,または**選出関数**という。

この選択関数を写像としてはっきりいい直してみることにしよう。

まず $\{A_\gamma\}_{\gamma \in \Gamma}$ の全体を，それぞれが共通要素はないものとしてその和集合をとったもの（直和集合）を
$$\bigsqcup_{\gamma \in \Gamma} A_\gamma$$
と表わす。このとき，Γ から $\bigsqcup_{\gamma \in \Gamma} A_\gamma$ への写像 φ であって
$$\varphi(\gamma) \in A_\gamma$$
となるものを，$\{A_\gamma\}_{\gamma \in \Gamma}$ の選択関数という。

このとき選択公理は次のように述べられる。

> **【選択公理】** $A_\gamma \neq \emptyset (\gamma \in \Gamma)$ であるような集合族 $\{A_\gamma\}_{\gamma \in \Gamma}$ に対して，必ず選択関数が存在する。

この公理に最初に出会ったとき，各 A_γ は空集合ではないのだから，そこから1つずつ要素を取り出していけば，選択関数があることなど当然のことに思われるかもしれない。選択関数は，いわば各 A_γ から代表元を選び出す仕方を指定している。

実際は，それは私たちがごく常識的に $\{A_\gamma\}_{\gamma \in \Gamma}$ を構成する1つ1つの A_γ が有限個の集まりであるような場合を想定しているからである。たとえば日本の各都市に住んでいる人たちのつくる集合族を考えてみよう。仙台に住んでいる人の集合を A_{SENDAI}，京都に住んでいる人の集合を A_{KYOTO} のようにかけば，Γ を日本の都市の集合として $\{A_\gamma\}_{\gamma \in \Gamma}$ という集合族を考えることができる。このとき A_γ のなかから，γ 市の市長さんを取り出すことは1つの選択関数を指定したことになる。この例では1つの選択関数を決めるということは，各都市から特定の人を1人選ぶ選び方を指定したことになっている。

しかし Γ が無限集合になると，たとえ1つ1つの集合 A_γ が有限集合であったとしても，$\{A_\gamma\}_{\gamma \in \Gamma}$ に選択関数が存在するかどうかなどということは，一寸先も見えないような深い霧のなかに包まれてしまうことになる。

たとえばいま一枚の紙から，円をどんどん際限なく切りとって得られる

すべての円の集合を考える。どんなに小さい円をたくさん切りとってみても，必ずまだ隙間は残っているから，そこからまた円を切りとっていくことができる。このなかにはミクロ単位の円や，さらに微細な円も含まれている。

ここからは空想のこととなるが，このように切り取った円を大きな袋のなかに全部入れてこれを次のように仕分けして，小袋 $\widetilde{C}_r$ に分ける。

$\widetilde{C}_r$ の中味は，切りとった円のなかから，半径が r のものだけをすべて集めて詰めこんだものである。$\widetilde{C}_r \neq \emptyset$ のものだけ考えることにするが，それぞれの $\widetilde{C}_r$ 自身はもちろん有限集合である（1枚の紙から，一定の半径の円は有限個しか切り出せない）。こうして $\widetilde{C}_r$ からなる集合族 $\{\widetilde{C}_r\}_{r \in \Gamma}$ が得られる。

さて，この $\widetilde{C}_r$ のなかから，「代表となる半径 r の円を1つ指定して一斉に取り出せ」といわれたら，私たちは $r \to 0$ のときの $\widetilde{C}_r$ の袋の中味を想像して，たぶん呆然としてしまうだろう。そしてそんなことは不可能だというのではなかろうか。

しかし，選択公理はそれは可能であると保証するのである。数学が集合論のなかで取り扱う無限が，しだいにその姿を明らかにしてくるにつれ，無限はその謎をますます深めていくようになった。無限は，数学に対して，無限に立ち向かう数学の立場を明らかにするよう求めてきたようにみえる。選択公理は，数学が無限に向きあうときの姿勢をはっきりと示したものであると考えてよいのかもしれない。

実際ツェルメロは1904年に

選択公理を認めれば，整列可能定理は成り立つ

ことを示して，当時の数学界に大きな反響を巻き起した。

この証明は次の節で述べることにする。しかし実はこの逆，すなわち

整列可能定理を認めれば，選択公理は成り立つ

ことは，すぐに示すことができるのである。この証明をしてみよう。

　［証明］　いま $A_\gamma \neq \emptyset\ (\gamma \in \Gamma)$ であるような集合族 $\{A_\gamma\}_{\gamma \in \Gamma}$ が与えられたとする。このときこの直和集合を
$$\tilde{A} = \sqcup_{\gamma \in \Gamma} A_\gamma$$
とおく。そこで $\tilde{A}$ に整列可能定理が適用できるとすると，この定理を $\tilde{A}$ に適用して，$\tilde{A}$ は適当な順序で整列集合となる。したがって $\tilde{A}$ の空でない部分集合は必ずただ1つの極小元をもつ。このとき A_γ の極小元を α_γ とすると，Γ の各元 γ に対し
$$\Gamma \ni \gamma \longrightarrow \alpha_\gamma \in A_\gamma$$
は，集合族 $\{A_\gamma\}_{\gamma \in \Gamma}$ の選択関数となっている。　　　　　　（証明終り）

　一方が成り立つと仮定すると他方が示されるのだから，整列可能定理と選択公理は実は同値な内容を述べているのだといってよい。

注目!! このことは，この2つは，数学という立場から無限を見るとき，いわば同じ高さに立った視点を与えていることを示している。無限は，数学だけではなく，神学や，哲学や，あるいは個人の生の想いのなかにもある。それぞれはそれぞれの視点に立って無限を見ている。カントルの集合論も，数学の既成論理の枠を越えて無限の実在を見ようとするとき，やはり視点が必要となった。それが整列可能定理であり，選択公理であったと考えてよいのだろう。

　しかし選択公理という一見近づきやすそうに見えるこの公理を認め

てしまえば，ツェルメロによれば整列可能を認めてしまうことになる。したがって一読すればすぐわかるような明快な形の選択公理を認めるか，認めないか，あるいはこの公理を数学のなかに積極的に取り入れていくか，あるいは少し距離をおいて遠くにおくか，それは現在でも数学者ひとりひとりの処って立つところによって，その見方は必ずしも一様ではないようである。

　だが，現代数学は，カントルの集合論以後，大きく展開してきた抽象数学のなかで，選択公理を積極的に受け入れて進んできたのである。

2 帰納的順序集合

　これから，選択公理から整列可能定理がどのようにして導かれていくかを示していくことにする。この証明の道筋はそれほど簡明ではないかもしれないが，ここには**集合論の根幹の思想**があり，**カントルの深い哲学**がある。私にはやはりここで述べておいたほうがよいように思われた。

　その証明のため，これから帰納的順序集合という概念と，その性質について述べてみることにする。

　まず一般の順序集合についていくつかのことを述べておかなくてはならない。M を順序集合とし，S を M の空でない部分集合とする。このとき，S の上界，S の最大元，S の極大元，S の上端をそれぞれ次のように定義する。

> S の上界：S のすべての要素 x に対して，$x \leqq a$ となる M の要素 a を S の上界という。
>
> S の最大元：S の上界で S の要素となっているものを，S の最

大元という。

　S の極大元：S の要素 a で，$a<x$ となるような S の要素が存在しないとき，a を S の極大元という。

　S の上端：S の上界の要素 a で，S のどんな上界 x をとっても
$$a \leqq x$$
となるものを，S の上端といい $\sup S = a$ と表わす。

　これと対応して，順序を逆にして考えると，S の下界，最小元，極小元，下端($\inf S$ とかく)を定義することができる(なお，極小元の定義はすでに5章，2節で与えてある)。

　M が全順序集合のときは，S の最大元と極大元は一致してただ1つである。

　実数の集合は，ふつうの大小関係で全順序集合である。このとき，
$$S = \{x \mid 0 \leqq x < 1\}$$
とおくと，S の上界の集合は $\{y \mid y \geqq 1\}$ である。また S の極大元は存在しないが，S の上端は存在して $\sup S = 1$ である。一般に，S の上端は必ずしも S に属していないことを注意しておこう。なお $\inf S = 0$ である。

トピックス　最大元，極大元，上端の違い

　最大元や，極大元や，上端の定義は，似かよっていて区別を見分けるのはなかなか難しいかもしれない。有限個の要素からなる順序集合に対しては，順序の関係を図式化して表わす1つの方法として，「ハーセの図式」というものがある。それは順序集合の要素を平面上の点で表わし，$a<b$ で，a と b のあいだには $a<c<b$ のような c がないときには，a の上に b をかいて，a と b のあいだを線分で結ぶというものである。

　ハーセの図式を使って，上の定義を示してみよう。

まず左の図は全順序集合を示している．右の図では，b, c, d のあいだには順序関係はない．a と d のあいだにも順序関係はない．

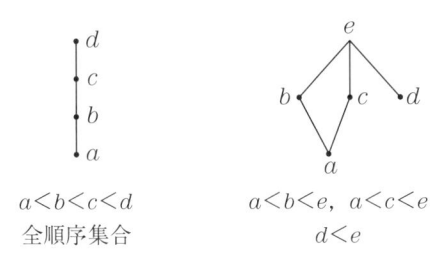

$a<b<c<d$
全順序集合

$a<b<e,\ a<c<e$
$d<e$

また下の 4 つの図は，上界がない場合と，上界，最大元，極大元，上端 sup の例を示してある．

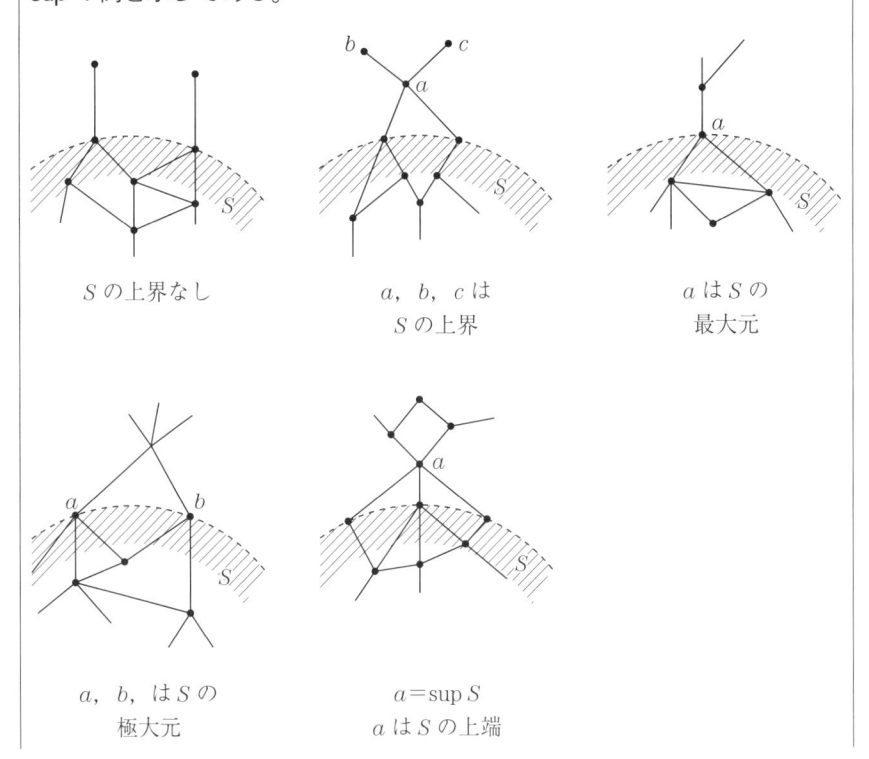

S の上界なし

$a,\ b,\ c$ は
S の上界

a は S の
最大元

$a,\ b,$ は S の
極大元

$a=\sup S$
a は S の上端

右下の図を見てもわかるように，S の上端 sup S は，あるとしてもただ 1 つである．それは上端の定義を見てみると，もし 2 つ上端 $a,\ b$ があ

6 章 無限をとらえる視点——選択公理

ったとすると，これらはともに S の上界となっているので $a \leq b$, $b \leq a$ が成り立つことになり，これから $a=b$ が結論できるからである。

このような定義を背景にして，帰納的順序集合の定義を与えよう。

【定義】 空でない順序集合 M が次の性質をみたしているとき，**帰納的順序集合**という。

M の部分集合 S が
$$S \neq \emptyset, \qquad S \text{ は全順序集合}$$
ならば，S は M のなかに必ず上端 $\sup S$ をもつ。

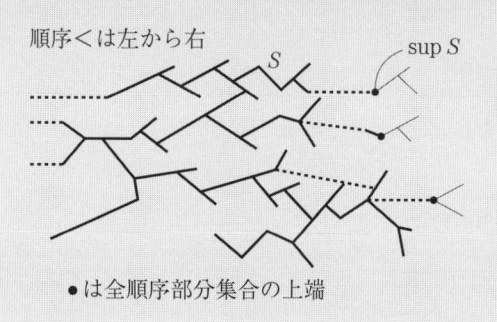

順序＜は左から右　　　　　　　　$\sup S$

●は全順序部分集合の上端

帰納的順序集合では，いわば全順序集合の枝分かれした道を 1 本選んで進んでいくと，すなわち全順序部分集合 S を 1 つとると，たどりついたところで必ずそこからのスタート地点 $\sup S$ が待っているのである。

帰納的順序集合では次の命題が成り立つ。

命題 M を帰納的順序集合とする。φ を M から M への写像で
$$x \leq \varphi(x)$$
をみたすものとする。このときある $x_0 \in M$ があって
$$\varphi(x_0) = x_0$$
が成り立つ。

［証明］ M の要素 a をとり，以下ではこの要素を固定して考えることにする。M の部分集合で，M の順序で整列集合となっているものを考える。このような集合を M の整列部分順序集合ということにする。

整列部分順序集合 A で次の性質をみたすものを考える。

ⅰ) $a \in A$. また $x \in A \Longrightarrow a \leqq x$. すなわち a は整列集合 A の極小元で，ここからスタートしている。

ⅱ) A は整列集合だから，a から出発して一歩，一歩進んでいくが，この一歩進む歩みは写像 φ によって与えられている。すなわち $x \in A$ が，整列集合 A のなかで直前の要素 y をもっていれば $\varphi(y) = x$ となっている。

ⅲ) しかし $x \in A$ が，$x \neq a$ で，A のなかで直前の要素をもたない場合には，x は

$$x = \sup \{ y \mid y \in A\langle x \rangle \}$$

で与えられている。ここで sup は，帰納的順序集合 M のなかでの上限である。

(ⅰ), (ⅱ), (ⅲ)で述べていることは，A が下の図のように構成されている M の整列部分集合であることをいっている。

A は a からスタートし，整列集合として φ から生成されている

このように構成された整列部分順序集合の全体を Σ とする。このとき $A, B \in \Sigma$ とすると，上の構成から

$$A = B \text{ か},$$
$$\text{ある } a_0 \text{ で } A\langle a_0 \rangle = B \text{ か}$$
$$\text{ある } b_0 \text{ で } A = B\langle b_0 \rangle$$

となることがわかる。ここで $A\langle a_0 \rangle$ とかいたのは A の a_0 による切片である(104 頁参照)。この証明には厳密には超限帰納法を使う。

したがってこのような整列部分順序集合のすべての和集合を

6 章　無限をとらえる視点——選択公理

$$C = \cup \{A \mid A \in \Sigma\}$$

とすると，C も i)，ii)，iii)の性質をもつことができる。

要するに C は a から出発して，帰納的順序集合の性質を使いながら，φ を使って次々と生成された Σ のなかの最大な集合である。

C は最大元 x_0 をもつ。実際，もし最大元をもたないとすれば，M における $\sup C$（この存在は M が帰納的順序集合のことによる）は C に属さず，したがって

$$C \cup \sup C \supsetneqq C$$

となるが，一方性質 iii)からこの集合は Σ に属していなくてはならない。これは C が最大であることに反している。

C の最大元 x_0 は

$$\varphi(x_0) = x_0$$

をみたしている。実際，もしそうでないとすると，$x_0 < \varphi(x_0)$ であり，$C \cup \{\varphi(x_0)\}$ が，ii)からまた Σ に属することになるが，これはふたたび C が最大であったことに反する。

これで $\varphi(x_0) = x_0$ となる x_0 の存在がいえた。　　　　　（証明終り）

3 選択公理から整列可能定理へ

この節では選択公理を認めると，そこから整列可能定理が導かれることを示そう。

その証明は 2 段階となっていて，まず選択公理から帰納的順序集合に関する 1 つの定理を導き，次にこの定理から整列可能定理を示すという道筋になっている。

> (☆) 選択公理が成り立てば，帰納的順序集合には必ず少なくとも1つの極大元が存在する．

[証明] M を帰納的順序集合とする．選択公理を M の部分集合族に対して適用してみよう．そうすると選択関数によって，M の空でない各部分集合 S に対して，1つずつ選択された要素 a_S が決まる．

そこで M から M への写像 $\varphi(x)$ を，x が極大元か，そうでないかによって次のように決める．

・x が M の極大元ならば $\varphi(x)=x$.
・x が M の極大元でなければ
$$S_x = \{y \mid y \in M, \quad y > x\} \neq \emptyset$$
である．したがって S_x から選択された要素 a_{S_x} を $\varphi(x)$ と決める：$\varphi(x) = a_{S_x}$.

このように写像 φ を決めると，明らかにすべての $x \in M$ に対して
$$x \leqq \varphi(x)$$
となっている．したがって前節で示した命題によって，ある $x_0 \in M$ があって
$$\varphi(x_0) = x_0$$
となる．φ の定義の仕方から，この x_0 は M の極大元でなければならない．これで証明された． (証明終り)

これを用いて，いよいよ集合論における次の基本的な結果を証明する．

> 選択公理を認めると，整列可能定理が成り立つ

[証明] 選択公理を認めたことによって，上の(☆)が成り立つ．したがって，帰納的順序集合には必ず少なくとも1つの極大元をもつということを使ってよいことになった．

6章　無限をとらえる視点——選択公理

M を与えられた集合とする。この M が整列集合となるような順序が導入されることを示す。

M の部分集合 S に，S を整列集合とするような順序 ρ が与えられたとき，それを (S, ρ) で表わすことにする。たとえば S が 3 つの要素 a, b, c からなるとき，ここには $a<b<c$, $b<c<a$, $c<a<b$ のような 9 個の整列順序 ρ が入る。これらのそれぞれを $(\{a,b,c\}, \rho)$ と考えるのである。

このような (S, ρ) 全体のつくる集合を Σ で表わし，Σ に次のような順序 $<$ を導入する。

$(S, \rho) < (S_1, \rho_1)$ とは，S_1 のある要素 a をとると
$$S = S_1 \langle a \rangle$$
が成り立つときであると定義する。ここで S は順序 ρ に関する整列集合であり，$S_1 \langle a \rangle$ は順序 ρ_1 に関する S_1 の切片であり，この 2 つが整列集合として一致しているとしているのである。

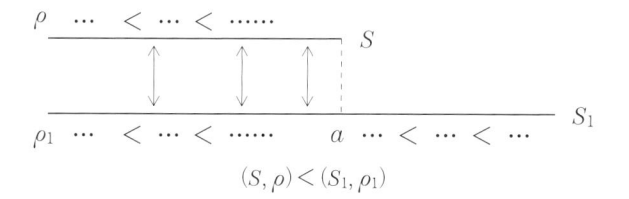

$(S, \rho) < (S_1, \rho_1)$

Σ がこの関係 $<$ により，実際順序集合となっていることはすぐに確かめられる。さらに帰納的順序集合になっている。それは次のようにしてわかる。$\widetilde{\Sigma}$ を Σ の空でない全順序部分集合とする。$\widetilde{\Sigma}$ に属する部分集合の和集合を
$$\widetilde{S} = \cup \{ S \mid (S, \rho) \in \widetilde{\Sigma} \}$$
とすると，各 S 上では ρ と一致するような順序 $\widetilde{\rho}$ が $\widetilde{S}$ 上にただ 1 つ決まって，$(\widetilde{S}, \widetilde{\rho}) \in \Sigma$ となり，
$$(\widetilde{S}, \widetilde{\rho}) = \sup \widetilde{\Sigma}$$
が成り立つ。したがって帰納的順序集合である。

ここで最初に証明した(☆)を使う。すなわち選択公理が使われるのであ

る。

　(☆)から Σ に極大な要素 (S_0, ρ_0) が存在する。このとき $S_0 = M$ である。それをみるために, $S_0 \neq M$ として矛盾の出ることを示そう。

　この仮定から, $y \notin S_0$ となる $y_0 \in M$ が存在する。$S = S_0 \cup \{y\}$ とおく。S 上に, S_0 上では ρ_0 と一致し, また $x \in S_0$ に対して $x < y$ と決めることにより順序 ρ を導入することができる。明らかに $(S, \rho) \in \Sigma$ である。ここで $S_0 = S\langle y \rangle$ だから, $(S_0, \rho_0) < (S, \rho)$ 。これは (S_0, ρ_0) が Σ の極大元であったことに矛盾している。

　したがって $S_0 = M$ であり, 順序 ρ_0 によって M は整列集合となっている。これで整列可能定理が証明された。　　　　　　　　　　　　　　　　（証明終り）

トピックス　バナッハ-タルスキの逆理

　選択公理が提起されたあと, このような公理に多くの数学者はとまどったようである。選択公理を認めるか, 認めないかは, カントルがたぶん彼の集合論の完結した形を与えると感じていた, 整列可能定理を認めるか, 認めないかと同じことになってきた。選択公理は理解するという性格のものではなかった。それはユークリッドが『原論』のなかで示した点や直線に対する定義のようなものでもないし, 『原論』以来, 数学が長いあいだ背負ってきたイデアの世界とも隔絶している。無限という概念はいっさいの表象をもたないが, それにかわって, 無限は選択公理によって, 数学のなかでのある実在性を克ちとったようにもみえる。別の見方をすれば, 選択公理は, 空漠とした無限のなかに, 人間がはじめて手を入れた驚くべき出来事であったのかもしれない。

　選択公理の明示は, 20世紀初頭の数学に動揺を巻き起こした。しかしやがて数学の流れは集合論を受け入れるようになり, そこに抽象数学の大きな体系を築き上げていくようになった。

　それでは既成数学の枠組のなかに選択公理を適用しても, 既成数学が混

乱を起こすことはないのだろうか。それはそうではないことを希望するが，何の保証もないし，答えてみようのないものである。

しかしこの希望を砕いてしまう1つの事実が，1924年にポーランドの数学者バナッハとタルスキによって提示された。これは「バナッハ－タルスキの逆理」とよばれるもので，選択公理の1つの帰結として導いたものであり，数学者を驚かせた。これをわかりやすい形で述べてみよう。

> [バナッハ－タルスキの逆理] A, B を，3次元座標空間 $\boldsymbol{R}^3$ のなかにある，それぞれ半径1，半径2の球とする。このとき，この2つの球を，次のように共通点のない同じ数からなる有限個の集合に分解することができる。
> $$A = A_1 \cup A_2 \cup \cdots \cup A_i$$
> $$B = B_1 \cup B_2 \cup \cdots \cup B_i$$
> ここでそれぞれの A_i と B_i は合同である。すなわち適当な平行移動と回転によって，A_i と B_i は互いに移り合うことができる。

これは半径1の球を適当に有限個に分解して，その分解した1つ1つを組み立て直せば，半径2の球が得られるということである。この逆説をもっと驚くようにしたければ，半径1の球を適当に有限個に分解して，それを組み立て直せば宇宙を蔽うような球もつくることができるということもできる。

私たちがこの逆説を見て，そんなことは絶対不可能だと思うのは，A_1, $A_2, \cdots, A_n$ という集合に，何か体積のような大きさを感じとっているからである。もし $A_1, A_2, \cdots, A_n$ に大きさというものがあれば，大きさは平行移動と回転では変わらないから，いくら組み立て直しても，半径1の球から，半径2の球が生まれてくるはずはない。したがって $A_1, A_2, \cdots, A_n$ は，私たちの直観で点の集まりとしては認識することのできないような，それを超越したところにある点の集合なのである。そのような集合の存在は選択公理によってはじめてその存在が保証されたものであった。

バナッハ－タルスキの逆理は，集合論はときには私たちの理解を超えた無限の世界ではたらくことを示している．選択公理は整列可能定理と同値だから，整列可能定理の背景にはこのような世界が広がっていると感じとったほうがよいのかもしれない．もしカントルが，生前，整列可能定理からこのような逆理が導かれることを知ったら何といったろうかと空想してみる．カントルはたぶん「それでも数学は自由である」とつぶやいたのではなかろうか．

　なお「バナッハ－タルスキの逆理」については志賀『無限からの光芒』日本評論社(1988)に詳しくかかれている．

　整列可能定理と選択公理は，一方を仮定すれば他方が成り立つという意味で同値な命題であることがわかった．
この同値性は

　　（∗）　　　　　　　整列可能定理$\Longleftrightarrow$選択公理

のように表わすことができる．$\Longrightarrow$を示すことは比較的かんたんであったが$\Longleftarrow$を示すには帰納的順序集合には必ず少なくとも1つの極大元があるという結果を用いた．この結果を単に'帰納的順序集合'として引用することにしよう．これは選択公理から導かれた．したがってこの証明の過程は

　　（∗∗）　整列可能定理$\Longleftarrow$'帰納的順序集合'$\Longleftarrow$選択公理

と表わされる．そうすると（∗）と（∗∗）を見くらべてみると，結局，整列可能定理，選択公理，'帰納的順序集合'は，すべて同値な命題を述べていることになる．

　同じような同値の命題で，'有限性の性質'とよばれるものもある．このことについても触れておこう．

　集合 M の部分集合に関する性質 P で，'部分集合 S がこの性質 P をもつための必要十分条件は，S に含まれるすべての有限部分集合が性質 P をもつ'という条件をみたすとき，この性質を**有限性の性質**という．

たとえば，Mを順序集合としたとき，Mの部分集合Sが全順序集合であるという性質は，有限性の性質である。なぜなら，Sが全順序集合であるかどうかということは，Sからかってに2つの要素x, yをとったとき
$$x < y \quad か \quad x > y$$
が成り立っていることを確かめればよいからで，それはSの2つの要素からなる部分集合$\{x, y\}$について，それが全順序集合となっていることをみればよいからである。

このとき，(**)で示された3つの命題にさらに次の'有限性の性質'とよばれる命題が同値となる。

> 空でない集合Mに，有限性の性質Pが与えられたとする。このときMの部分集合で，性質Pをみたす極大なものが存在する。

この同値性の証明はここでは述べないが，選択公理と同値なこのような命題を総称して，「ツォルンの補題」として引用されることが多い。

1930年代になると，抽象数学という数学の大きな分野が広がってきて，そこに無限概念が積極的に導入されることになった。そのため選択公理のもっと適用しやすい形が求められてきたのである。ドイツの数学者ツォルンが，上のような同値な命題を提示したので，これらを総称して「ツォルンの補題」というようになった。

7章 集合の深み

　カントルが集合論における最大の問題とし，その解決に全力をそいで取り組んだのは，「連続体仮設」とよばれるものであった．それは実数に含まれる無限集合は，可算集合か，連続体の濃度をもつのかの，どちららかであろうという予想であった．この予想は，濃度の問題として，「可算濃度の次の濃度は連続体の濃度か」といい表わされることもある．カントルはこの予想を肯定的に考えていたが，結局解決できなかった．カントル以後も，多くの数学者がこの問題に挑戦したが，答は見つからず，現在も未解決のままとなっている．実数の部分集合のなかには，私たちが想像することもできないようなものも含まれているようである．このことについては，2節の3進集合を述べたあとで触れておいた．

　整列可能定理は，選択公理を通して，無限をいわば延べ広げてみせたが，連続体仮設は，無限の深淵を覗きこませる問題となっている．ここには，無限とは何か，というカントルの最初の問題意識に私たちを連れ戻すところがある．無限はやはり私たちにとって永遠の謎なのかもしれない．

　カントルの集合論が，ほぼその理論の全容を明らかにしたときになって，突然予想もしなかった出来事が起きた．集合論のなかに，逆理となるものが含まれていたのである．集合論はカントルの天才のなかで創造されたものであり，そこには実証というものはなく，ただ論理のなかだけで理論が展開していく．この論理に割れ目が生じてきたならば，それは集合論の成立にかかわる危機でもあり，論理を学問の中心におく数学の危機とも考えられた．カントルは数学のなかに深く隠されていたパンドラの箱を開けてしまったのである．数学は公理にもとづいて厳密に展開しなくてはならないという公理主義が，ひとつの流れをつくるようになった．

1 連続体仮設

　カントルは，集合論の完成した理論体系をつくることを目指していたが，それには2つの大きな予想の解決がかかっていた。

　1つは整列可能定理であった。カントルはこの定理が示されれば，順序数によって，1つ1つの無限集合の生成の過程が数によって示されると考えていたのではないかと思われる。この定理はカントル自身が証明することはできなかったが，前章で述べたようにツェルメロが，選択公理を認めれば，証明できることを示した。選択公理と整列可能定理は，結局は同値な命題であったのだが，選択公理のほうがその内容をよく伝え，無限の状況の解明に適用しやすい形になっていた。

　1930年代から，選択公理——より一般にツォルンの補題——が広く使われるようになったが，カントルが生涯をかけて取り組んだ整列可能定理と順序数は，数学のなかでその広がりを見せていくようには進んでいかなかった。整列可能定理によって，すべての集合のうしろには順序数があるということになったが，どこまでも続いていく果てしない**無限に付随する順序数が表現しているものは何か**。これはあるいはカントルの数学というより，**カントルの思想の表現**であったとみるほうがよいのかもしれない。

　もう1つ，カントルが集合論の研究の当初から立ち向かい，その後の彼の研究を深めていく道を切り拓いていった問題は，カントルがたぶんその成立を強く信じていた次の予想にあった。それは

> **【カントルの予想】**
> 「実数のつくる無限集合には，可算集合か，連続体の濃度をもつ集合しかない」

というものである。カントルは，数直線上で点のつながりと示される実数の連続性は，点の集まる'濃さ'にあると最初に感じたのかもしれない。

この予想は，集合論の体系のなかでは次のように定式化されるが，これは「連続体仮設」とよばれるものになっている。

> **連続体仮設** 可算濃度 $\aleph_0$ の次の濃度は，連続体の濃度 $\aleph$ か。

この仮設を整列集合と順序数の立場からみてみることにしよう。ここでは選択公理を仮定して，したがってどんな集合も整列可能であるとする。

いま十分濃度の高い集合を1つとって，その順序数のつくる整列集合 Ω を考えることにしよう。Ω に含まれている順序数 η で，η は，ある非可算整列集合の順序型を与えているようなもの全体を考え，その集合を S_1 とする：

$$S_1 = \{\eta \mid \eta \in \Omega, \ \eta \text{は非可算無限集合のつくる順序数}\}$$

$S_1 \subset \Omega$ で，$S_1 \neq \emptyset$ だから，Ω が整列集合だから，S_1 のなかには極小元，すなわち最小の順序数 ω_1 が存在する。

このとき ω_1 は次の性質をもつ。

（ⅰ） ω_1 自身は，ある非可算無限な整列集合 M_1 の順序数を与えている。

（ⅱ） $\alpha \in \Omega \langle \omega_1 \rangle$ をみたす順序数 α，すなわち $\alpha < \omega$ となる順序数 α は，有限順序数か，可算整列集合の順序数である。

有限順序数を第1級の順序数，$\Omega \langle \omega_1 \rangle$ に属する順序数を高々2級の順序数という。

7章 集合の深み

自然数を超えた最初の順序数 ω が，有限順序数の果てに現われたように，ω_1 は，高々2級の順序数の果てにあって，そこで一段上がった無限のタイプを表わしている。

　そこで順序数 ω_1 を与える整列集合 M_1 の濃度を $\aleph_1$ とする。$\aleph_1$ は可算濃度 $\aleph_0$ の次にくる濃度である。整列可能定理は，このような集合 M_1 と濃度 $\aleph_1$ の存在をはっきり示すものとなっている。

　実数の濃度 $\aleph$ は $2^{\aleph_0}$ に等しかった。したがって連続体仮説は，次のように表わすこともできる。

$$2^{\aleph_0} = \aleph_1 \text{ か？}$$

　カントルは，結局この予想を証明することはできなかった。

　1900年ヒルベルトは，パリで開かれた国際数学者会議で，新しくはじまる20世紀数学の目標として，23の数学の問題を挙げた。その冒頭の問題が連続体仮説であった。

　この講演の冒頭の部分と，23の問題提起にあたる部分をここに記しておこう*。

　　「将来が，自らをそのかげに隠しているヴェイルをあげ，われわれの科学の進み行く方向と，来たるべき世紀の中に見られるであろうその発展の秘密について，垣間見ることを望まないものがいようか？
　　来たるべき世代の指導的数学精神が目指すべき具体的目標としてどのようなものがあるのか？　新しい世紀が，広く豊かな数学的思想の曠野の前にさらにどのような新たな方法と事実とに関して扉を開くであろうか？」

＊(注)　リード『ヒルベルト』彌永健一訳（岩波書店），1972.

「この，すべての数学的問題が解決可能であるという確信は，研究者にとって強力な支えである。われわれは，われわれの内に絶えず呼ぶ声を聞く――ここに問題がある。解を求めよ。純粋理性によって，解は見出されるであろう。なぜなら，数学には不可知(ignorabimus)は存在しないからである。」

トピックス　連続体仮説と公理論的集合論

　ヒルベルトのこの講演で，連続体仮説が取り上げられたことで，数学者の目はこの問題に向けられ，集合論はカントルの孤独な思想から解き放たれて，数学の明るい光を浴びるようになってきたのではないかと思われる。そして多くの数学者は一度は連続体仮説に向きあってみるということになったのではなかろうか。ポーランドの数学者シェルピンスキは，『連続体仮説』という本を著わした。この本のなかで，彼は連続体仮説が成り立つと仮定すると，そこからどのようなことが導かれるかを調べてみたのである。もしそこに何か1つでも矛盾のあることが見つかれば，連続体仮説は成り立たないということになる。しかし矛盾の生ずることはなかったのである。

　連続体仮説は，数学の立場ではなお未解決であるといってよいのではなかろうかと私は思っている。

　しかし，集合論を公理の立場に立って，論理的に解明しようとする公理論的集合論というものがある。公理論的集合論では，連続体仮説が成り立つとしても矛盾がなく，成り立たないとしても矛盾のないモデルがつくられるそうである(本章3節で再述する)。しかしこのことについて私は詳しいことは知らない。

2 3進集合

　連続体仮説は，カントルの集合論の研究の1つの出発点となるものであった。カントルは数直線上の点の集まりが，離れ離れに点が集まっているものと，連続して点が集まっているものがあることに注目した。それではこの連続してつながって結合しあっている点の集まりの特徴とは何か。それを連続体といえば，連続体とはどのようにとらえたらよいのか。これはまったく新しい独創的な問題提起であったが，この動機を与えたものが，2章4節で述べた三角級数の一意性の問題であったのである。

　そこでも述べたように，カントルは数直線上の点集合 P について，導集合 P' という考えを導入した。P' は，P に含まれる無限点列が収束して得られる極限点の全体の集合である。

　カントルは最初 $P=P'$ をみたす数直線上の部分集合が連続体といってよいものと考え，このような集合を完全集合といった。しかしやがてカントルは，この定義では連続体とよべるような概念を必ずしも包括できないことを知った。そのような例として，カントルは有名な3進集合を挙げたのである。

　3進集合について述べる前に，まず3進法とその数直線上の表示について思い出しておこう。

　区間 $[0,1)=\{x \mid 0 \leqq x < 1\}$ を3等分して，左から順にこの区間を I_0, I_1, I_2 とする：

$$I_0 = \left[0, \frac{1}{3}\right), \quad I_1 = \left[\frac{1}{3}, \frac{2}{3}\right), \quad I_2 = \left[\frac{2}{3}, 1\right)$$

以下くりかえし，これらの区間の3等分を順次どこまでも行なっていく。

この操作に対応して，区間 $[0,1)$ に属する数を，0 と 1 と 2 を使った 3 進数による小数表示(一般には無限小数表示)をすることができる。I_0, I_1, I_2 に属する数はそれぞれ $0.0\cdots$，$0.1\cdots$，$0.2\cdots$ と表わされる。この小数表示の仕方は，図で見たほうがわかりやすいだろう。

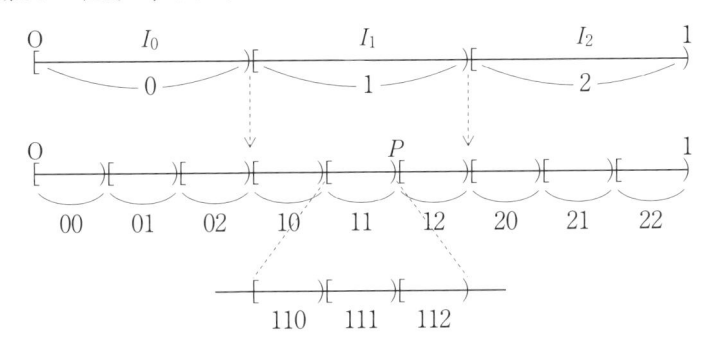

数字は小数点以下の値を，上から順に
1桁，2桁，3桁までを表わしている。

一般には $[0,1)$ に属する数は

$$0.1011212201002\cdots$$

のように表わされる。各段階での区間の端点として表わされる数は有限小数となるが，これもたとえば

$$0.121 = 0.120222\cdots$$

のように無限小数として一意的に表わされる。また区間の右端にある 1 も，$1 = 0.222\cdots$ と無限小数によって表わされる。

3 進集合はこのような区間 $[0,1]$ の 3 進展開を用いて構成される。

区間 $[0,1]$ を考える。$[0,1]$ からまず開区間

$$\left(\frac{1}{3}, \frac{2}{3}\right)$$

を取り除く。このとき残った集合は区間 $[0,1]$ から真中の $\frac{1}{3}$ の部分だけがぬけて，2 つの部分からなる集合

$$\left[0, \frac{1}{3}\right] \cup \left[\frac{2}{3}, 1\right]$$

7章 集合の深み

となる。このそれぞれの区間の真中の $\frac{1}{3}$ の部分（長さにして $\frac{1}{3^2}$ の区間）を再び取り除く。すなわち取り除かれた部分は

$$\left(\frac{1}{3^2}, \frac{2}{3^2}\right) \cup \left(\frac{7}{3^2}, \frac{8}{3^2}\right)$$

であり，残った部分は

$$\left[0, \frac{1}{3^2}\right] \cup \left[\frac{2}{3^2}, \frac{1}{3}\right] \cup \left[\frac{2}{3}, \frac{7}{3^2}\right] \cup \left[\frac{8}{3^2}, 1\right]$$

である。

　この操作を次から次へと続けていくのだが，この各段階での操作は図を見たほうがわかりやすい。黒くかかれている部分が残った部分を表わしている。

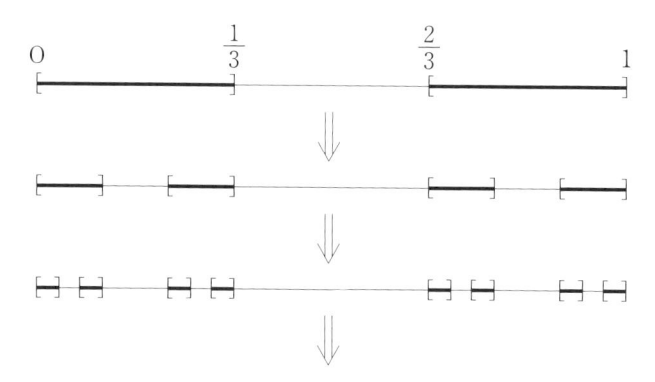

```
0              1/3           2/3            1
[——————————————]             [——————————————]
                    ⇓
[———]     [———]              [———]     [———]
                    ⇓
[—][—]   [—][—]              [—][—]   [—][—]
                    ⇓
```

　この操作をどこまでもくりかえしていって最後に残った部分が3進集合である。この3進集合は**カントル集合**ともよばれている。

　上の図が究極に辿り着く場所を想像すると，取り除いた区間の隙間の間にごくわずかの点だけが残っているだけではないかと想像されるかもしれない。しかし実際はそうではない。3進集合に属する点は，3進無限小数で表わすと，0と2だけが現われる無限小数全体から構成されていることがわかる。すなわち

$$0.22020022202002\cdots$$

のような数が3進集合の点を表わす数となっている。このことからまた3

進集合は完全集合となっていることがわかる。

実際は3進集合は連続体の濃度$\aleph$をもっている。そのことは，3進集合の点を表わす上の表記で2を1にとりかえると，区間$[0,1]$の点の2進表記を与えていることがわかるからである。

しかし3進集合は連続体とはいえない。カントルはここで数直線上の部分集合Tに対して次のように連結の定義を与えた。

> Tのどの2点a,bに対して，どんな小さい正数εをとっても，Tのなかに有限個の点$t_1, t_2, \cdots, t_n$があって，線分$\overline{at_1}, \overline{t_1 t_2}, \cdots, \overline{t_n b}$の長さをすべて$\varepsilon$以下となるようにすることができるとき$T$を**連結**という。

そしてカントルは，完全集合で連結なものを連続体といい，連続体の濃度は，可算濃度$\aleph_0$の次の濃度$\aleph_1$になっていると予想した。そしてカントルは何度もこの証明を試み，あるときは証明に成功したと思ったこともあったのである。しかし結局は解かれることなく，連続体仮設として，数学の核心におかれる問題となった。カントルが追求したかったことは，実数の部分集合に現われる**連続性の本質とは何か**，ということだったのかもしれない。

トピックス　実数の深い'闇'

私たちが実数というとき，どうしても数直線上に表象された実数を見てしまう。したがって上で述べた3進集合についても，3進無限小数で表示してそれを2進無限小数によみ直せばすぐ理解できることも，数直線上での構成を見る限りでは深い霧に包まれてしまったようになっている。

実数という概念は，数直線という概念と一体になっている。したがって

私たちが実数の部分集合といっても，具体的に認識できるものはごく限られたものになっている．私たちには決して近づくことのできないようなたくさんの部分集合があるのだろう．そしてそれがたぶん連続体仮説の闇をつくっているに違いない．

　私たちは実際実数の部分集合をどれだけ見ているのだろうか．そのようなことを思わせる例を，3進集合に関連してかいてみよう．

　区間[0, 1)を次のように可算個の区間の直和集合として表わす．

$$[0, 1) = \left[0, \frac{1}{2}\right) \cup \left[\frac{1}{2}, \frac{2}{3}\right) \cup \left[\frac{2}{3}, \frac{3}{4}\right) \cup \cdots \cup \left[\frac{n-1}{n}, \frac{n}{n+1}\right) \cup \cdots \tag{1}$$

　この分割に対応して，区間[0, 1)に属する点 x の小数点第1位のところに 0, 1, 2, …, n, … を割りふる．すなわち，

$\left[0, \frac{1}{2}\right)$ に属する数には，0.0 を割りふり，

$\left[\frac{1}{2}, \frac{2}{3}\right)$ に属する数には，0.1 を割りふり，

$\left[\frac{2}{3}, \frac{3}{4}\right)$ に属する数には，0.2 を割りふり，

$\left[\frac{n-1}{n}, \frac{n}{n+1}\right)$ に属する数には，0.(n−1) を割りふり，

　　　　　　　　……　……　……

というようにする．

　さて，(1)の右辺に現われた各々の区間は，区間[0, 1)を相似写像で縮小することによって得られている．たとえば

写像 $x \longrightarrow \frac{1}{2}x$ により

$$[0, 1) \longrightarrow \left[0, \frac{1}{2}\right) \quad \left(\frac{1}{2} \text{の縮小}\right)$$

写像 $x \longrightarrow \frac{1}{6}x + \frac{1}{2}$ により

$$[0,1) \longrightarrow \left[\frac{1}{2}, \frac{2}{3}\right) \quad \left(\frac{1}{6} \text{の縮小}\right)$$

などである。

[0, 1)の分割(1)は，これらの相似写像によって，(1)の右辺に現われたそれぞれの区間$\left[0, \frac{1}{2}\right), \left[\frac{1}{2}, \frac{2}{3}\right), \cdots$の上へとうつされている。すなわち，それぞれの区間が，再び可算個の区間へと分割されていく。この状況は3進法の場合に述べたものと似通っている。違う点は，前に述べた場合は等分点による分割が順次くりかえされていったのに，今度は分割(1)を標準的な形として，これを相似写像によってうつしていることである。

この違う点だけを除けば，分割(1)を相似写像によってうつすことによって，第2段階，第3段階，…と，得られた区間を次から次へと分割していくことができるだろう。分割はつねに，可算無限個の分割である。

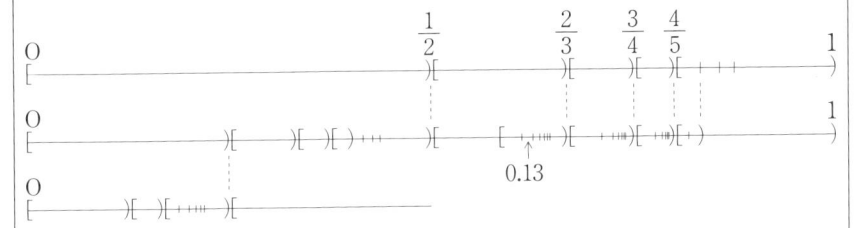

この各細分の段階において，順次どの区間に属しているかに応じて，0, 1, 2, …, n, …のどれか1つを割りふっていくことにより，任意の実数x $(0 \leqq x < 1)$に対して，いわば'自然数進法'よる無限小数展開というべきものが得られてくる。

すなわち，任意の実数$x (0 \leqq x < 1)$は，ただ一通りに

$$x = 0. n_1 n_2 n_3 \cdots n_k \cdots \qquad (2)$$

と表わされる。ここで各n_kは0, 1, 2, …のどれか1つの値をとる。逆に$0. n_1 n_2 \cdots n_k \cdots$という表現が任意に与えられれば，それによって区間[0, 1)のなかのある1点が確定する。

いま自然数のなかの無限部分集合

$$Q = \{q_1, q_2, q_3, \cdots\}$$

7章 集合の深み

が与えられたとする。このときいま述べた$[0, 1)$の自然数展開(2)のなかで，特に各$n_k \in Q$となっているような$[0, 1)$の部分集合を考えることができる。それはどんなものであろうか。

あるいは(2)の表現のなかで，素数が順にいくつかずつ現われてくる
$$0.222\cdots 233\cdots 355\cdots 577\cdots 7\cdots$$
のような実数全体はどんな部分集合をつくっているのだろうか。増加度がものすごく速い数列全体は，$[0, 1)$のなかでどんな部分集合をつくっているのだろうか。

数直線という表象を捨てて，実数を集合とみると，実数は底知れないような深みを示してくる。実数は私たちが窺い知ることもできないような部分集合を無限に含んでいるに違いない。連続体仮説は，この底知れぬ深みを覗きこもうとしているようにみえる。

3
逆理

私たちがたとえばみかんを買うとき，10個買った上で，もう1個つけたそうか，もう2個つけたそうかと考えることがある。このごく日常的なことが数として抽象化されると，10の次に11，11の次には12がくるということになる。そこから私たちは，どこまでも続く自然数の系列が全体として自然数の無限集合をつくっているという無限に対する認識を得ることになった。それがふつう帰納法による自然数の生成原理として述べられているものである。

カントルの前には集合があった。要素の1つ1つが次々と生成されて集合をつくっていくと考えると，それを抽象化することによって，無限生成の原理を示す，超限数（ここではカントルにならって，順序数を超限数と

いうことにする)のどこまでも続く系列として表現されていくことになる。自然数の全体 $1, 2, 3, \ldots$ が私たちの認識によってとらえられるならば，この超限数の総体もまたとらえることができるものなのだろうか。

しかしこれをとらえようとすれば，そこに逆理が生ずることが判明してきた。

カントルは，1895年から97年にかけて超限数についての論文を執筆中に，はじめてこのような逆理が集合論のなかに存在することに気づいた。この頃には集合論は完成に近づき，数学者のあいだにも批判する人たちだけではなく，この理論を容認しようとする空気も少しずつ広がってきていた。その矢先，カントル自身がこの逆理に出会ったことは彼にとってどれほど衝撃的なことであったろうか。

カントルはこのことをヒルベルトにだけ手紙で知らせたが，これを論文のなかで述べるようなことはしなかった。この逆理は，カントルとは独立にブラリ・フォルティによっても見出され，それが1897年に発表されると当時の数学界に波紋を引き起こすことになった。

「数学の危機」という言葉さえ叫ばれるようになったのである。この逆理とは次のようなものであった。

【ブラリ・フォルティの逆理】
　すべての超限数の集合 Ω を考える。このとき Ω 自身の超限数は，Ω のなかには含まれていない。

Ω のなかには，すべての超限数が含まれていたはずだからこれは矛盾であるというのである。

たとえば整列集合 $\{1, 2, 3, \ldots\}$ の表わす超限数は ω で，この集合の外にある。実際こうして超限数は，無限の生成過程をとらえている。しかし一方，概念があれば，概念の総体としての集合が存在する。集合 Ω はその

ようにして認識される。「ブラリ・フォルティの逆理」は，集合論のなかにある集合の存在と，集合の生成のなかにある矛盾を，Ωのなかでとらえたのである。

　数学のなかからこのような明確な形で矛盾が現われることは，それまでにはなかったことである。数学という学問は無限概念を含んでいるが，無限は矛盾を生む可能性をつねに蔵しているのだろうか。

　しかし，このことについて英国の哲学者ラッセルは，この矛盾は，集合論がかかえている矛盾のなかから生じたというより，むしろこれは集合論が基盤としている論理構造のなかにあるのだと指摘した。Ω自身が超限数をもっているのだから，Ωは自己を含む集合である。自己を含む集合は矛盾を含みうるのである。ラッセルは，これをだれでも理解できる，謎の形でいい表わした。

　このことを述べるのに，いまでは入手が難しくなった高木貞治著『数学雑談』(第5章　数理ガ躓ク)から，その味わい深い文章を，そのままここに引用させて頂くことにしよう(原文はすべてカタカナである)。

⚜ ⚜ ⚜ ⚜

ラッセルの謎(限定語数)

　……短縮のために形式だけを少し変更していうならば，次のようなものであろうか。

　「百音以内ノ日本語デイイ表ワスコトノデキナイ自然数ノ中デ最小ノモノ」

それは何であろうか。

　さて百音以内の日本語では，とてもいい表わすことのできないような自然数が，限りなくあるとしても，自然数ならば，限りなくあっても，そのうち最小のものがある。ゆえに「百音以内ノ日本語デイイ表ワスコトノデキナイ最小の自然数」といえば，それは一定の自然数で

あろう。

　それが一定の自然数ならば，それは「百音以内ノ日本語デイイ表ワスコトノデキナイ最小ノ自然数」という文句でいい表わされている。「　　」の中は百音以内の日本語である。すなわち再言すれば

　百音以内の日本語でいい表わすことの<u>できない</u>最小の自然数は，百音以内の日本語でいい表わすことが<u>できる</u>のである。これが実質的にいうと，ラッセルの謎である。

（『数学雑談』のなかでは，2頁ほどあとに次のような例も記されている。）

　ラッセルの謎の変形を試みよう。次の形式はフィンスラーによる。

> 1, 2, 3, 4, 5
> コノ黒枠ノ中ニ表示サレテイナイ最小ノ自然数

　（この黒枠の中に表示されていない最小の自然数）＝6であるか？ 然らば，その6が「コノ黒枠ノ中ニ表示サレテイナイ最小ノ自然数」として表示されているではないか。

　通例は6をこの落語の「落ち」とする。しかしこの落語は無限に続けられる。すでに黒枠の中で6が表示されているならば，表示されていない最小の自然数は7である。然らば7が表示される。7が表示されるならば，8が…

　この流儀ならば，上記 1, 2, 3, 4, 5 も，むだであろう。それを削ってしもうて，黒枠の中に，ただ「この黒枠…最小の自然数」だけをかいておいても効果は同じことである。そのとき，それは1といえば，1が黒枠の中に表示される。6のかわりに1である。

　　　　⚜　　⚜　　⚜　　⚜

7章　集合の深み

カントルの集合論は，こうして思いがけず数学に '無限の謎' ではなく，'論理の謎' を突きつけることになった。超限数などふつうの数学に現われることなどないが，逆理の存在は集合論を越えて数学全体の上に影を落としてきたのである。論理は数学を支える柱である。この柱が揺らいできたのではなかろうかという不安が生じてきた。

　この危機感から，数学者のあいだに，古代ギリシアの人たちがユークリッドの『原論』で示したような，公理から出発して，一歩，一歩確実な論理によって数学を構築していこうとする公理主義という動きが起きてきた。ヒルベルトは1899年に，完全に公理主義の立場に立った『幾何学基礎論』を著わし，当時の数学界に衝撃を与えた。それは17世紀以後，解析学を中心として，常に先を見て動的に動いてきたヨーロッパ数学に，数学全体を振り返って見るような数学の新しい時代の到来を告げるものであったのかもしれない。

　公理主義は形式主義ともよばれたが，それに徹底すれば直観的な思考はどうなるのか。ポアンカレなどを中心として直観主義者とよばれる数学者のグループも生まれてきた。

トピックス　ツェルメロが提起した集合論の公理

　代数や解析ならば，1つの命題が証明されたあとに，いろいろな実例で検証したり，たとえば近似計算なども試みて確かめることができる。しかし無限を対象とする集合論には実証するということができない。頼りになるのは正しい論理だけである。「ブラリ・フォルティの逆理」が生まれてきたのだから，たとえば選択公理から，何か集合論の基本構造にかかわるような逆理が生まれてくるようなことはないだろうか。

　このような危惧を最初に感じたのは，選択公理を提唱したツェルメロ自身だったかもしれない。ツェルメロは1908年に集合論の公理化を試みた。集合論をこの公理から論理的に導かれる演繹体系とすることを考えたので

ある。

　ツェルメロが提起した集合論の公理とはどのようなものかだけをここに記しておくことにしよう(実際は，要素とか集合も無定義語としたところから出発するのであるが，ここでは公理だけを眺めて頂くことにする)。

I　外延性公理

　集合 S, T に対し，$S \subset T, T \subset S$ ならば $S = T$.

II　空集合と対(ツイ)の公理

　空集合という要素のない集合がある。任意の要素 a, b に対して集合 $\{a\}, \{a, b\}$ が存在する。

III　分出公理

　もし集合 S に対して命題関数 $P(x)$ が定義されているならば，$P(x)$ だけが成り立つ S の要素 x だけからなる集合 T が存在する。

IV　巾集合の公理

　S が集合ならば，S の部分集合全体 $\mathcal{P}(S)$ も集合である。

V　和集合の公理

　S が集合ならば，S の要素をすべて集めたものも集合である。(たとえば $S = \{a, b\}$ ならば，a と b を集めた $a \cup b$ も集合である。)

VI　選択公理

　S が共通点のない空でない集合の和集合ならば，そのとき S を構成している集合とちょうど1つの要素を共有している集合 T が存在する。

7章　集合の深み

VII 無限公理

空集合と任意の $a \in Z$ に対して，$\{a\}$を含む集合 Z が存在する。

このなかの無限公理について少しコメントしておこう。どうしてこれを無限公理というか，妙に思われるかもしれないが，この公理によって
$$\{\emptyset\}, \quad \{\{\emptyset\}\}, \quad \{\{\{\emptyset\}\}\}, \ldots\ldots$$
を含む集合が存在することになる。

このあとフレンケルによって，分出公理より強い「**置換公理**」が加わり，ほぼ完全な集合論の公理系ができ上がった。これは「ツェルメロ－フレンケルの公理系」，または「ZF-集合論」とよばれている。

なおゲーデルによって，集合論の公理系が無矛盾ならば，それに選択公理をつけ加えても無矛盾であることが示されている。またコーエンによって，選択公理はほかの公理からは導かれないことも証明された。

この公理に基づいて完全に論理の世界のなかだけで構成される集合論を'公理論的集合論'といい，それに対してカントルが数学のなかで展開した集合論を，'素朴集合論'ということがある。

8章 カントルとその後

　カントルが集合論という新しい数学理論を提起したことは，当時の数学界を驚かせたというより，むしろ混迷へと追いこんでいった。しかし集合論が誕生して20年近くたち，20世紀も近づいてくると，その影響は徐々に数学界に浸透していった。カントルは集合を通して無限概念をとらえることに成功した。それならば同じように集合を数学の基礎において，その上にさまざまな代数の概念や，近さの概念などをおくならば，それらの概念の本質をとらえることができ，概念の自由なはたらきを知ることができるのではなかろうか。そのような考えに立って，20世紀になると，カントル数学を源泉とする，抽象数学とよばれる大きな数学の流れが生まれてきたのである。それは，数学は自由であるというカントル思想の実現であった。

　カントルの後半の人生は，集合論の研究を積極的に進めた1870年代後半から1880年代前半まで，この理論に対する批判と反対のなかにあった。1890年も半ばを過ぎる頃になると，カントルの思想は，数学界にかなり広く認められるようになってきた。しかしこのときカントルはすでに数学を去っていた。カントルの後半生には，数学の栄光の影に隠された天才の孤独な姿が見えてくる。これを本書の最後の節においた。

1 カントルが起こした波

　カントルの集合論は，1880年には多くの反対と批判にさらされたが，1890年代になると，新しい数学の方向をそのなかから見定めようとする数学者たちによって少しずつ認められるようになってきた。

　しかし不思議なことに思えるかもしれないが，多くの数学者たちは，集合論における無限生成のプロセスにも，また濃度の高い集合に向けても，それ以上積極的に追求していくことはなかった。集合論への関心は，数学としての厳密な枠組を求めるほうに向けられ，それは無限と論理との整合性を求める公理論的集合論，あるいはもう少し広く‘基礎論’とよばれる理論を深めることになったが，この理論は20世紀数学の大きな流れとは少し隔ったところで育っていった。

　それでも20世紀初頭から現在に至るまでの数学の活発な展開は，カントル数学に負うところがたいへん大きいのである。それではカントルがもたらしたものはいったい何であったのだろうか。

　これをみるために，少し数学の流れを振り返ってみよう。17世紀からはじまったヨーロッパ数学は，ヨーロッパの実証精神のなかで，さまざまな自然現象や，曲線で囲まれた図形の考察などを通して新しい数学——微分積分——を開発してきた。オイラーの無限解析にしても，ガウスの数論にしても，あるいはフーリエによる三角級数論にしても，未知の深い森に分け入って道を求めるようなところがあって，いわば数学は開拓されてきたのである。

　しかし19世紀も半ばを迎える頃になると，暗かった森にも光が差しこ

んでくるようになり，数学はそれぞれの研究方向にしたがって専門化されてきた。数学は開かれ体系化されて，数論や，楕円関数論や，解析学，総合幾何学などがその姿をしだいに明らかにしてきたのである。

数学は自然科学から自立して，純粋数学とよばれるような1つの学問体系となってきた。その流れのなかで，解析学を支える実数の構造にも目が向けられてきて，ワイエルシュトラス，デデキント，カントルなどをそこに誘いこむようになった。

数学はさらにより広い学問としての場を求めるようになってきた。この時代には方程式におけるガロア理論と関係した置換群の考えや，行列論や，n 次元の幾何学などの新しい数学の研究分野が誕生し，数論も急速に深まっていった。いまとなってみれば，数学という学問自体が，これらの広い展開を包みこむ大きな理念の場を求めて胎動をはじめてきたといえるのかもしれない。集合論はその渦流の中心にあった。

カントルの集合論はもちろんカントルという天才の創造したものであるが，人間の歴史を振り返れば，それぞれの時代はつねに時代が求める天才を生む，という見方もあるだろう。カントルの集合論は，このような時代にあって，数学の自立性を支える根源的な場所——無限——を，数学の概念として集合を通して明示したのである。

20世紀になってヨーロッパ数学の上に新しい波が急速に広がってきた。カントルはこのような数学の動きを，彼の数学の理念の先にあるものとしてすでに予見していたのかもしれない。1883年の論文のなかで，濃度や超限数の導入に際して，数学的な探求心を不必要に狭くすることは非常に危険なことであるといった上で，有名な

数学の本質は自由にある

という言葉をかいている。カントルの数学に向けてのこの考えは，非常に

明確なものであったようである．同じ論文のなかで次のような文章も記されている．

> 「数学をほかのすべての科学から区別し，そして数学の研究の方法が比較的自由で容易であるという学問の特殊性を示すために，もし私に選択することが許されるならば，いまふつう使われている純粋数学のかわりに，<u>自由数学</u>という言葉を使ったほうがよりふさわしいと考えている」

それではこの数学のなかにある自由性は，数学者のなかでどのように取り出されてくるのか．これについてはヒルベルトが，『幾何学基礎論』の冒頭に，カントの『純粋理性批判』のなかから，次の言葉を引いて，はっきりと示した．

> 「斯くの如く人間のあらゆる認識は直観をもって始まり，概念にすすみ，理性をもって終結する．」

こうして20世紀の最初の30年間，数学は具象の世界から解き放たれて，さまざまな概念を導入して抽象数学とよばれる新しい数学の方向を見出し，その峰々へと駆け上がっていった．
　それでは抽象数学というものは，いったいどういうものなのか．
　しかしそれを一般的に述べることは難しいので，まず次のトピックスで，抽象数学のなかで「群論」とよばれている理論が研究対象とする'群'とはどのようなものかを述べてみることにしよう．

トピックス　群とは？

群は次のように定義される。

定義　集合 G が次の条件をみたすとき群という。

（ⅰ）　G の任意の2つの要素 a, b に対して，乗法，または積とよばれる演算 ab が定義されている。ab はまた G の要素となっている。

（ⅱ）　3つの要素 a, b, c に対して
$$a(bc) = (ab)c$$
が成り立つ。

（ⅲ）　単位元とよばれる要素 e があって，すべての要素 a に対して
$$ae = ea = a$$
が成り立つ。

（ⅳ）　すべての要素 a に対して，a の逆元とよばれる要素 a^{-1} が存在して
$$aa^{-1} = a^{-1}a = e$$
が成り立つ。

この群の概念には，さまざまな数学の対象が含まれている。たとえば，整数の集合に加法 $a+b$ を演算として導入したものは整数の加法群となる。このとき単位元は0である。正の実数の集合に乗法 ab を演算として導入したものは正の実数の乗法群となる。このとき単位元は1である。球の回転の全体が抽象的な集合をつくっていると考えたとき，

点Aは回転PQで
Bへ移る

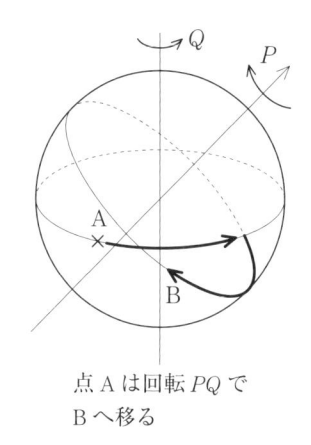

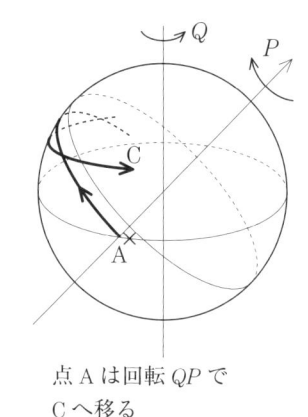

点Aは回転QPで
Cへ移る

2つの回転P, Qの積PQを，まず回転Qを行なって，次にPだけ回転すると考える．これも群になる．これは回転群という．このとき数の加法や乗法と違って一般には図で見るとわかるように

$$PQ \neq QP$$

となる．

このように加法とか，乗法という数のあいだの演算そのものを，抽象化された高い視点に立って見ることにより，数学は，群のはたらきとして，さまざまな異なる対象にはたらく演算の本質をとらえることができるようになった．この視点を支えるものこそ集合であった．

抽象数学のなかには，代数演算に注目するものとしては，群のほかに，環や体などもある．環では加法と乗法が，体ではさらに除法も加わり，これらの演算規則が公理として取り出されてくる．

また近さの概念を集合の上に導入することにより，位相空間とよばれるものが得られてくる．ここでは連続性や連続写像の性質が，空間の性質とのかかわりのなかで詳しく調べられる．これは本シリーズの第5巻で取り上げる．

このように数学のなかに現われるさまざまなはたらきが，抽象的な立場で取り上げられ，集合の上で展開することになったのである．

カントルの数学は，さらに無限概念を積極的に数学に導入することを可能とした。平面上の図形の面積を測るのに，有限個のタイルで図形をおおって面積を測っていくのではなくて，はじめから無限個のタイルで図形をおおって面積を測っていったら，はるかに精密な測り方になるに違いない。ミクロの大きさのタイルや，もっともっと無限に小さいタイルも使うことができるからである。しかしだれも無限個のタイルなど用意もできないし，それを全部貼るなどということはできないのだから，これは実際に'測る'量の世界のことではなくて，抽象数学のなかで考えられることである。こうして20世紀初頭，「ルベーグ測度論」とよばれるものが誕生してきた。これはシリーズ第6巻でのテーマとなる。

　こうしてカントルが耕した数学の大地の上に，20世紀の抽象数学の花園は，一斉に開花したのである。

2 カントルの後半生*

　本書では，カントルの生きてきた日々と，集合論とを重ねるようにかいてきた。そこには私のカントルに対する想いがあったのかもしれない。この最後の節では，カントルの後半生を描いて，カントルを静かにこの書のなかで見送りたいと思う。

　第1章3節で述べたように，カントルは1869年にハルレ大学の私講師となり，1879年には正教授となった。1870年の論文で，三角級数の一意性の定理を証明してのち，1873年頃からは，実数の集合そのものの研究

＊(注)　この節の内容は，Grattan Guinness, *Towards a biography of Georg Cantor*, Annals of Science, 1971による。

に入っていくこととなった。その後1875年から1884年までの10年間に，集合論に対する研究が集中的に行なわれ，そこでは超限数というような，それまでの数学で考えられることもなかった新しい数の概念も生まれてきたのである。

　カントルは1874年に，妹の友人であったユダヤ人のヴァーリー・グッドマンと結婚し，6人の子どもに恵まれた。カントルに新しい研究の方向を示したハイネは，1881年10月に亡くなった。この後任の教授としてカントルはデデキントをハルレ大学に招こうとし，その方向で動こうとしていた。もしこの計画が実現すれば，ハルレ大学は一流の大学となり，数学革新への新しい拠点となったかもしれない。しかしデデキントはカントルの申し出を断った。その理由は主に経済的なものであったが，その手紙の内容からは，カントルがときどき起こす衝動的ともいえる個性のなかに，ある懸念を感じていたことも伝わってくる。カントルは失望した。カントルはハルレ大学のなかでは孤独であり，挫折感を味わっていた。カントルとデデキントとの書簡は，1874年から3年間ほど途絶えている時期がある。カントルはベルリン大学やゲッチンゲン大学のような一流の大学へ移ることを望んでいたが，それはクロネッカーや，シュワルツの反対にあって実現しなかった。

　だが，この頃から，カントルはスウェーデンの数学者ミタッグ・レフラーとたびたび手紙のやりとりをするようになった。ミタッグ・レフラーはベルリン大学で学んだが，そこでカントルと同じように，ワイエルシュトラスの講義から強い影響を受けた。ミタッグ・レフラーは富豪と結婚し，巨大な資産を得，そのことにより数学界に重要な貢献をすることになった。それは'Acta Mathematica'という数学誌の創刊であった。そして彼の宏壮な邸宅のなかでこの雑誌の編集が行なわれていた。なお彼の遺志により，この建物は1920年以降，数学研究所になった。*Acta Mathematica*は1882年から刊行された。この雑誌の創刊が新しい数学の流れをつくることを望んで，ミタッグ・レフラーは，カントルが以前*Mathematische*

Annalen に発表した論文のフランス語訳をこの雑誌に載せることを考えた。このことが，カントルとミタッグ・レフラーとの交流のはじまりとなった。カントルは承諾し，このフランス語訳の校訂は，フランスの解析学の大家エルミートの学生たちがあたった。そのなかにはポアンカレもいた。カントルのフランス語の論文は2つであり，最初のものは1883年に'1番目の報告'として，2番目のものは1884年に'編集者への手紙からの抜粋'という副題を添えて，*Acta Mathematica* に掲載された。しかし'2番目の報告'はドイツ語でもかかれるはずであったが，それはついに発表されることはなかった。

　この状況の裏には，カントルの人生の暗い転機があった。1884年，カントルの上に抑鬱性の精神障害が襲ってきた。それはまったく突然のことであり，家族を動転させた。この症状は5月から6月まで続いた。6月21日付でミタッグ・レフラー宛にかかれた手紙では，彼は自分の症状を伝え，自分の数学の研究を進めることはもう困難になったとかいた。そして長年の論敵クロネッカーとも和解しようと思い立ち，クロネッカーはひとまずそれを受け入れる素ぶりはみせた。しかし実際は2人の対立の根は深いところにあり，それを取り除くようなことはできることではなかった。カントルはこのことをミタッグ・レフラーに伝えるとともに，「'連続体仮説'に取り組んで，証明はできたと思ったが，翌日には間違いとわかった。その後もいろいろ試みたが，すべての証明は誤りであった」と知らせた。

　カントルは1884年10月に，ミタッグ・レフラー宛の長文の手紙をかき，数学より哲学のほうに自分のポジションを求めたいとして，集合論の理論の構想を明らかにした論文をかいた。1つは *Acta Mathematica* に載せられたが，もう1つは1885年3月に校正の段階でカントル自身，それを引き下げてしまった。それは，ミタッグ・レフラーが，カントルに手紙を送って，この論文には重要な結果(連続体仮説を含む)の証明がのせられておらず，連続体仮説の証明は後世の数学者に残しておいたほうがよいのではないかと忠告したことが関係していた。

カントルはこの忠告にしたがったが，カントルにとってはこのようなことが伝えられることは衝撃的なことであった．ミタッグ・レフラーは後になって，このような忠告をしたことを後悔している．このあととカントルとミタッグ・レフラーとの文通もほとんど途絶えてしまった．後年，1896年になって，カントルはポアンカレとゲルバルディに宛てた手紙のなかで，このことを苦い思い出として述べている．

　カントルは，この1884年の精神障害と1885年に受けた衝撃的な出来事から逃れることはできなかった．このあといくつかの結果を見出しても，大きな理論を構成するということはなくなっていた．

　カントルは，連続体仮説をいつかは征服できる高い峰の頂きのようにみていたのだろう．それだけにミタッグ・レフラーの忠告は，絶望を告げられたように響いたに違いない．カントルにとって，無限が数学のなかの実在ならば，その無限の内部に立ち入って調べる方法は，連続体仮説の解決のなかで見出せるかもしれないと思っていたのかもしれない．しかし連続体仮説は謎のまま残り，無限はその存在のなかに数学が入ってくることをいまもかたくなに拒んでいるようにみえる．

　1886年の秋，カントルはハルレに大きな新しい家を購入した．カントルはハルレ大学に留まることを決めたのだろう．この書斉には，ハルレ大学だけではなく，近くのライプツィヒ大学からも，数学者が多く訪れてくるようになった．

　1880年代の後半になると，カントルの仕事は単に数学者のなかだけで注目されるだけでなく，神学者，哲学者も関心を寄せるようになってきた．カントルは第1章で述べたように，1890年にハルレに新しい数学の学会をつくり，その会長になったが，1893年以降の会合には参加することはなくなっていた．この頃から精神障害の症状が発作的に起きるようになってきたようである．カントルの生活は，家庭とサナトリウムのあいだを往き来するようになってきた．

数学界全体は，カントルの集合論を次第に受け入れるようになってきた。ジョルダンの『解析教程』の初版(1882-7年，全3巻)では集合に関することは付録としてつけられていたが，第2版(1893-6年)では最初の章へと移され，これ以後，集合については，解析学の教科書の最初におかれることも多くなっていった。

しかし20世紀になっても最初の10年くらいは，なお多くの数学者の上には，集合論に対するためらいの感じが少し残っていたようである。しかし結局はカントルの思想は数学のなかに受け入れられた。ヒルベルトの次の言葉がそのことを物語っている。

「カントルがわれわれのために創造してくれた楽園から，だれもわれわれを追い出すことはできない」*

カントルは1916年12月，精神病院にいたが，彼の学位論文の50周年を記念して，多くの人からお祝いをうけた。カントルはひとりひとりの手紙に礼状をしたためようとしたが，それはもうかなわないことになっていた。そして1917年1月6日，突然の心臓発作で，静かにこの世を去った。彼の墓はハルレにある。

カントル，死の数ヵ月前の写真
(Helga Schneider と Sigrid Lange 所有)

＊(注)　出典は *Mathematische Annalen*, 95(1926)170頁，論文名は「Über das Unendlich(無限について)」である。

8章　カントルとその後

索引

A～Z
ZF-集合論　146

あ行
アレフ $\aleph$　57
アレフゼロ $\aleph_0$　57
1対1写像　32
1対1対応　32
イデアの世界　125
上への写像　32, 85
エルミート　155

か行
ガウス　24, 68, 148
可算集合　33
　——の濃度　57
　——の例　33-4
カージナル数
　可算集合の場合　57
　連続体の場合　59
　一般集合の場合　79
　——の中の計算　81, 83
　——の大小　86
　——から見た平面と直線の濃度　84
　(→集合の演算)
合併集合　54
環　152
カント(『純粋理性批判』)　150
カントル, ゲオルグ　3, 16 ほか多数
　——の写真　扉裏(2), 157
カントル集合　136
　(→3進集合)
カントルとクロネッカーの分岐点(対決)　46-7, 69-71
カントルと順序数　98
カントルとデデキントの手紙　24-5, 48-9, 61-2
カントルの大予想　112

カントルの定理　37
　——, 実数の連続性による証明　38-9
　——の第二証明　66-7
カントル−ベンディクソンの定理　86
基数　57, 96
　(→序数)
『幾何学基礎論』(ヒルベルト)　150
基礎論　148
帰納的順序集合　120
逆理(→ブラリ・フォルティの逆理)
共通部分(集合の共通部分)　55
極小元　101
極大元　118
　(→最大元)
ギリシア数学　16
空集合　53
国際数学者会議　132
クロネッカー　23, 46-7, 69-71, 102, 154-5
群の定義　151
クンマー　23
形式主義　144
ゲーデル　146
ゲルバルディ　156
元　28
『原論』(ユークリッド)　125, 144
公理主義　144
公理論的集合論　133, 146
　(→集合論の公理)
コーエン　146

さ行
最大元　117
　——・極大元・上端の違い　119
三角級数の収束　23, 41-2
3進法による小数表示　135
3進集合　135-6
シェルピンスキ(『連続体仮設』)　133
次元　64-5

自然数の帰納的な生成原理　17
自然数の集合　29
「自然数は神の創り給いしもの」(クロネッカー)　102
自然数を並べる　95
実数概念の確立　揺籃期　43
実数の集合　29
　　——は可算集合ではない　37
実数の深い'闇'　137-40
実数の連続性　38
写像　31
集合　18, 28
　　——の記号｛　｝　31
　　——の記号∈の由来　31
　　——の共通部分　55
　　——は要素の集まりである　18
　　いろいろな集合の濃度　89-92
集合の演算
　　可算集合どうしの場合　57-8
　　連続体と可算集合の和　59
　　一般の集合の演算　79-80
　　（→カージナル数）
集合論の公理（ツェルメロ）　145-6
「集合論の独立宣言」　113
自由数学　150
シュワルツ　154
順序集合
　　——の定義　99
　　——の部分集合の上界・最大元　117
　　——の部分集合の極大元・上端　118
　　同型な——　101
順序数　97
　　——とカントル　98
　　——の演算　106-8
　　（→超限数）
純粋数学　150
『純粋理性批判』（カント）　150
上界　117
上端　118
　　（→最大元）
序数　96
神学者　20, 40, 156

数学基礎論（→基礎論）
『数学雑談』（高木貞治）　142-3
数学という学問の特殊性　17
数学における実在　39
数学に不可知は存在しない　133
数学の概念（物理学の概念との相違）　17
数学の危機　141
数学の抽象性　17
「数学の本質は自由にある」　149
数直線の連続性　37
『数とは何か，数とはいかにあるべきか』（デデキント）　69
整数の集合　33
生成原理　16, 43, 77
整列可能定理　113
　　——を認めると，選択公理は成り立つ　116
　　選択公理を認めると，——が成り立つ　123
整列集合　101
切片　104
全射　32, 85
選出関数　113
全順序集合　100
選択関数　113
選択公理　113-4
　　——を認めると，整列可能定理が成り立つ　123
　　整列可能定理を認めると，——は成り立つ　116
全単射　85
総体（総括概念：Inbegriff）　18
素朴集合論　146

た行

体　152
対角線論法　66-8
代数的な数のつくる集合　35-7
対等な集合　32
高木貞治　12, 142
単射　32, 85
力という概念　17

抽象数学の開花　150, 153
超越数　40-1
超限帰納法　103, 121
超限数　97
　——の集合に見られる逆理　141
　(→順序数)
直和　54
直観主義(者)　144
ツェルメロ　113, 116, 144-5
ツェルメロ−フレンケルの公理系　146
ツォルンの補題　128
ディリクレ　24
哲学者　20, 40, 156
哲学の主題　19
デデキント　24-5, 43, 47-9, 61-3, 69, 154
　(→カントルとデデキントとの手紙)
電気という概念　17
同型対応　103
導集合　44
同値関係　43

な行

ニュートン　68
濃度　57
　(→カージナル数)
　(→集合, いろいろな集合の濃度)

は行

ハイネ　23, 41, 45
ハーセの図式　118-9
バナッハ−タルスキの逆理　126
ヒルベルト　132, 141, 144, 150, 156
　——の言葉「楽園からだれも追い出すこと
　　はできない」　157
2つの自然数の組がつくる集合　33
物理現象を支配する概念　17
部分集合　18, 29
ブラリ・フォルティの逆理　141
フレンケル　146

平面上の点は直線上の点より多いか　60
　カントルの証明　62
　デデキントの補正　63
ポアンカレ　15, 78, 144, 155-6
方程式の高さ　36
ボレル　15

ま行

「見レドモ，信ズルコトアタワズ」　64
無限が新しい無限を生む　77
無限集合　29
無限の生成原理　78
無限の旅には果てがない　76-7
無限を測る　20

や行

有限集合　29
有限性の性質　127
有理数の基本列　43
有理数の集合　29, 35
ユークリッド(『原論』)　125, 144
要素　18, 28
ヨーロッパ数学　68, 144, 148
ヨーロッパ数学の流れ　148-9

ら・わ行

ライプニッツ　68
ラッセル　142
ラッセルの謎　142-3
リーマン　41
レフラー，ミタッグ　154-5
連結　137
『連続性と無理数』(デデキント)　24, 43
連続体仮設　131
連続体の濃度　58
連続体の本質とは何か　137
ワイエルシュトラス　23, 70
和集合　54

著者紹介

志賀　浩二

1930年に新潟市で生まれる。1955年東京大学大学院数物系修士課程を修了。東京工業大学理学部数学科の助手，助教授を経て，教授となる。その後，桐蔭横浜大学教授，桐蔭生涯学習センター長などを務めるなかで，「数学の啓蒙」に目覚め，精力的に数学書を執筆する。現在は大学を離れ執筆に専念。東京工業大学名誉教授。

シリーズをまるごと書き下ろした著作に『数学30講シリーズ』(全10巻，朝倉書店)，『数学が生まれる物語』(全6巻)，『数学が育っていく物語』(全6巻)，『中高一貫数学コース』(全11巻)，『算数から見えてくる数学』(全5巻)(以上，岩波書店)，『大人のための数学』(全7巻，紀伊國屋書店)がある。

ほかの数学啓蒙の著作には『数学　7日間の旅』(紀伊國屋書店)，数学の歴史に関しては『無限からの光芒』『数の大航海』(ともに日本評論社)，『数学の流れ30講(上・中)』(下は未刊，朝倉書店)などがある。

大人のための数学　3巻
無限への飛翔　集合論の誕生
2008年2月17日　　　第1刷発行
2009年6月12日　　　第2刷発行

発行所………株式会社　紀伊國屋書店
　　　　　　東京都新宿区新宿3-17-7
　　　　　　出版部(編集)電話03(6910)0508
　　　　　　ホールセール部(営業)電話03(6910)0519
　　　　　　〒153-8504　東京都目黒区下目黒3-7-10
装幀…………芦澤　泰偉
装画…………中山　尚子
印刷・製本……法令印刷
　　　　　　ISBN 978-4-314-01042-9
　　　　　　Copyright © Koji Shiga　2008
　　　　　　All rights reserved.
　　　　　　定価は外装に表示してあります

紀伊國屋書店刊行

◆シリーズ 大人のための数学 全7巻 志賀浩二

各巻 A5 判並製

数学の泉にふれ、時を超え、無限の空へと飛翔したい——

紙と鉛筆さえあれば、数学はいつでもどこでも始められる。
試験や成績とは関係のない、数学本来の世界を学びたい。
数学が「わかった！」という喜びは、
ほかの何物にも代えがたい、人生の歓喜に通ずる。
その喜びをもう一度、味わいたい。
数学は6000年に及ぶ人類の叡智の産物……
数学という翼で、時を超越して先達者と同じ喜びを共有できる。
数学はひとりで思索を深めるのに、最高の友。
名曲を聴くかのように、想像力は身近な世界から
宇宙へと飛び立っていく。
森の小道を辿るうちに、美しい花を愛でる、
小鳥のさえずりに耳を傾ける、
山の頂上から景色を眺望する、
そんな大人のための数学の啓蒙書があっていい‼

《第1巻》**数と量の出会い**——数学入門
176頁・定価1785円

《第2巻》**変化する世界をとらえる**——微分の考え、積分の見方
180頁・定価1785円

《第3巻》**無限への飛翔**——集合論の誕生
164頁・定価1785円

《第4巻》**広い世界へ向けて**——解析学の展開
184頁・定価1890円

《第5巻》**抽象への憧れ**——位相空間：20世紀数学のパラダイム
168頁・定価1890円

《第6巻》**無限をつつみこむ量**——ルベーグの独創
176頁・定価1890円

《第7巻》**線形という構造へ**——次元を超えて
192頁・定価1890円

表示価は税込みです。